地名标准化工作实务手册

庞森权 刘 静 田 硕◎编著

中国社会出版社
国家一级出版社·全国百佳图书出版单位

图书在版编目（CIP）数据

地名标准化工作实务手册／庞森权，刘静，田硕编著．
—北京：中国社会出版社，2016.7
ISBN 978－7－5087－5374－4

Ⅰ.①地…　Ⅱ.①庞…　②刘…　③田…　Ⅲ.①地名标准化—中国—手册　Ⅳ.①P281－62

中国版本图书馆 CIP 数据核字（2016）第 159986 号

书　　名：地名标准化工作实务手册
编　　著：庞森权　刘　静　田　硕

出 版 人：浦善新
终 审 人：李　浩
责任编辑：刘云燕　　　　责任校对：田　硕

出版发行：中国社会出版社　邮政编码：100032
通联方法：北京市西城区二龙路甲 33 号
电　　话：编辑室：（010）58124851
　　　　　邮购部：（010）58124848
　　　　　销售部：（010）58124845
　　　　　传　真：（010）58124856
网　　址：www. shcbs. com. cn
经　　销：各地新华书店

中国社会出版社天猫旗舰店

印刷装订：北京九州迅驰传媒文化有限公司
开　　本：170mm×240mm　1/16
印　　张：17
字　　数：275 千字
版　　次：2016 年 8 月第 1 版
印　　次：2016 年 8 月第 1 次印刷
定　　价：48.00 元

中国社会出版社微信公众号

编　委　会

主　编：庞森权

副主编：刘　静　田　硕

编　委：刘　静　田　硕　乌日扎拉嘎

庞森权　蔡　亮

编　撰：刘　静

校　稿：乌日扎拉嘎　杜嘉钰

CONTENTS

目录

第二部分　标准化基础知识

前　　言

地名标准化工作主要涉及两大方面：一是地名标准的编制过程，主要包含标准化对象确定、标准前期研究、标准项目立项、标准编制、标准审查与报批等内容；二是地名标准的宣传、贯彻过程，主要包含标准宣传、标准解释、标准实施、标准修订等内容。

地名标准化涉及的标准化对象，分布在地名领域的各个层面，如地名文化、地名标志、地名译写、地名信息等。近年来，随着地名工作的深入开展，特别是地名公共服务、地名普查、地名文化保护、地名管理等专项地名业务工作的全面展开，地名标准化工作的作用日益凸显。

基于此，全国地名标准化技术委员会作为地名标准的技术归口部门，与民政部地名研究所一道，为多层次、大视角、全方位地推动、促进地名标准化工作，进一步全面、整体地提高地名标准化水平，承担起推进地名标准化工作的重任，组织人力、物力、财力，编辑、编撰了《地名标准化工作实务手册》一书。

本手册是一本从标准化工作入手，针对地名标准化管理，切中地名标准化实务的实用型工具书。本手册主要分为两部分：第一部分主要汇总了国家层面的标准化工作的法律、规定等，还包含了民政部门的相关规定，以及全国地名标准化技术委员会的章程等。第二部分主要包含了标准化的一些术语定义、解释、说明以及标准编制的一些知识要点。

我们深信，本手册的出版、发行，将会给地名从业者提供实用的技能，为推动地名标准化事业健康、有序的发展发挥作用。

在本书的出版过程中，获得了中国社会出版社的鼎力襄助，在此一并表示谢忱。

由于我们能力有限，本书尚有不足之处，敬请广大读者批评指正。

编　者

二〇一五年九月二十五日

第一部分

标准化工作文件

中华人民共和国标准化法

发布机构：中华人民共和国全国人民代表大会
发布日期：1988.12.29
生效日期：1989.04.01

第一章 总 则

第一条 为了发展社会主义商品经济，促进技术进步，改进产品质量，提高社会经济效益，维护国家和人民的利益，使标准化工作适应社会主义现代化建设和发展对外经济关系的需要，制定本法。

第二条 对下列需要统一的技术要求，应当制定标准：

（一）工业产品的品种、规格、质量、等级或者安全、卫生要求。

（二）工业产品的设计、生产、检验、包装、储存、运输、使用的方法或者生产、储存、运输过程中的安全、卫生要求。

（三）有关环境保护的各项技术要求和检验方法。

（四）建设工程的设计、施工方法和安全要求。

（五）有关工业生产、工程建设和环境保护的技术术语、符号、代号和制图方法。

重要农产品和其他需要制定标准的项目，由国务院规定。

第三条 标准化工作的任务是制定标准、组织实施标准和对标准的实施进行监督。

标准化工作应当纳入国民经济和社会发展计划。

第四条 国家鼓励积极采用国际标准。

第五条 国务院标准化行政主管部门统一管理全国标准化工作。国务院有关行政主管部门分工管理本部门、本行业的标准化工作。

省、自治区、直辖市标准化行政主管部门统一管理本行政区域的标准化工作。省、自治区、直辖市政府有关行政主管部门分工管理本行政区域内本部门、本行业的标准化工作。

市、县标准化行政主管部门和有关行政主管部门，按照省、自治区、直辖市政府规定的各自的职责，管理本行政区域内的标准化工作。

第二章　标准的制定

第六条　对需要在全国范围内统一的技术要求，应当制定国家标准。国家标准由国务院标准化行政主管部门制定。对没有国家标准而又需要在全国某个行业范围内统一的技术要求，可以制定行业标准。行业标准由国务院有关行政主管部门制定，并报国务院标准化行政主管部门备案，在公布国家标准之后，该项行业标准即行废止。对没有国家标准和行业标准而又需要在省、自治区、直辖市范围内统一的工业产品的安全、卫生要求，可以制定地方标准。地方标准由省、自治区、直辖市标准化行政主管部门制定，并报国务院标准化行政主管部门和国务院有关行政主管部门备案，在公布国家标准或者行业标准之后，该项地方标准即行废止。

企业生产的产品没有国家标准和行业标准的，应当制定企业标准，作为组织生产的依据。企业的产品标准须报当地政府标准化行政主管部门和有关行政主管部门备案。已有国家标准或者行业标准的，国家鼓励企业制定严于国家标准或者行业标准的企业标准，在企业内部适用。

法律对标准的制定另有规定的，依照法律的规定执行。

第七条　国家标准、行业标准分为强制性标准和推荐性标准。保障人体健康，人身、财产安全的标准和法律、行政法规规定强制执行的标准是强制性标准，其他标准是推荐性标准。

省、自治区、直辖市标准化行政主管部门制定的工业产品的安全、卫生要求的地方标准，在本行政区域内是强制性标准。

第八条　制定标准应当有利于保障安全和人民的身体健康，保护消费者的利益，保护环境。

第九条　制定标准应当有利于合理利用国家资源，推广科学技术成果，提高经济效益，并符合使用要求，有利于产品的通用互换，做到技术上先进，经济上合理。

第十条　制定标准应当做到有关标准的协调配套。

第十一条　制定标准应当有利于促进对外经济技术合作和对外贸易。

第十二条 制定标准应当发挥行业协会、科学研究机构和学术团体的作用。

制定标准的部门应当组织由专家组成的标准化技术委员会，负责标准的草拟，参加标准草案的审查工作。

第十三条 标准实施后，制定标准的部门应当根据科学技术的发展和经济建设的需要适时进行复审，以确认现行标准继续有效或者予以修订、废止。

第三章 标准的实施

第十四条 强制性标准，必须执行。不符合强制性标准的产品，禁止生产、销售和进口。推荐性标准，国家鼓励企业自愿采用。

第十五条 企业对有国家标准或者行业标准的产品，可以向国务院标准化行政主管部门或者国务院标准化行政主管部门授权的部门申请产品质量认证。认证合格的，由认证部门授予认证证书，准许在产品或者其包装上使用规定的认证标志。

已经取得认证证书的产品不符合国家标准或者行业标准的，以及产品未经认证或者认证不合格的，不得使用认证标志出厂销售。

第十六条 出口产品的技术要求，依照合同的约定执行。

第十七条 企业研制新产品、改进产品，进行技术改造，应当符合标准化要求。

第十八条 县级以上政府标准化行政主管部门负责对标准的实施进行监督检查。

第十九条 县级以上政府标准化行政主管部门，可以根据需要设置检验机构，或者授权其他单位的检验机构，对产品是否符合标准进行检验。法律、行政法规对检验机构另有规定的，依照法律、行政法规的规定执行。

处理有关产品是否符合标准的争议，以前款规定的检验机构的检验数据为准。

第四章 法律责任

第二十条 生产、销售、进口不符合强制性标准的产品的，由法律、行政法规规定的行政主管部门依法处理，法律、行政法规未作规定的，由工商行政管理部门没收产品和违法所得，并处罚款；造成严重后果构成犯罪的，对直接责任人员依法追究刑事责任。

第二十一条 已经授予认证证书的产品不符合国家标准或者行业标准而使用认证标志出厂销售的，由标准化行政主管部门责令停止销售，并处罚款；情节严重的，由认证部门撤销其认证证书。

第二十二条 产品未经认证或者认证不合格而擅自使用认证标志出厂销售的，由标准化行政主管部门责令停止销售，并处罚款。

第二十三条 当事人对没收产品、没收违法所得和罚款的处罚不服的，可以在接到处罚通知之日起十五日内，向作出处罚决定的机关的上一级机关申请复议；对复议决定不服的，可以在接到复议决定之日起十五日内，向人民法院起诉。当事人也可以在接到处罚通知之日起十五日内，直接向人民法院起诉。当事人逾期不申请复议或者不向人民法院起诉又不履行处罚决定的，由作出处罚决定的机关申请人民法院强制执行。

第二十四条 标准化工作的监督、检验、管理人员违法失职、徇私舞弊的，给予行政处分；构成犯罪的，依法追究刑事责任。

第五章 附 则

第二十五条 本法实施条例由国务院制定。

第二十六条 本法自 1989 年 4 月 1 日起施行。

中华人民共和国标准化法条文解释

发布机构：国家技术监督局
发布日期：1990. 07. 23
生效日期：1990. 07. 23

第一章 总　　则

第一条 为了发展社会主义商品经济，促进技术进步，改进产品质量，提高社会经济效益，维护国家和人民的利益，使标准化工作适应社会主义现代化建设和发展对外经济关系的需要，制定本法。

1. 本条是关于标准化法立法宗旨的规定。

2. “标准化”的含义是，在经济、技术、科学及管理等社会实践中，对重复性事物和概念通过制定、实施标准，达到统一，以获得最佳秩序和社会效益的过程。

3. 制定标准化法的目的是，“发展社会主义商品经济，促进技术进步，改进产品质量，提高社会经济效益，维护国家和人民的利益”。

4. 标准化立法的作用是，通过标准化立法，“使标准化工作适应社会主义现代化建设和发展对外经济关系的需要”。

第二条 对下列需要统一的技术要求，应当制定标准：

（一）工业产品的品种、规格、质量、等级或者安全、卫生要求。

（二）工业产品的设计、生产、检验、包装、储存、运输、使用的方法或者生产、储存、运输过程中的安全、卫生要求。

（三）有关环境保护的各项技术要求和检验方法。

（四）建设工程的设计、施工方法和安全要求。

（五）有关工业生产、工程建设和环境保护的技术术语、符号、代号和制图方法。

重要农产品和其他需要制定标准的项目，由国务院规定。

1. 本条是关于制定标准的对象的规定。

2. “标准”的含义是，对重复性事物和概念所作的统一规定。它以科学、技术和实践经验的综合成果为基础，经有关方面协商一致，由主管机构批准，以特定形式发布，作为共同遵守的准则和依据。

3. “工业产品的品种、规格、质量、等级或者安全、卫生要求”是指，对工业产品本身的技术要求。

4. “工业产品的设计、生产、检验、包装、储存、运输、使用的方法或者生产、储存、运输过程中的安全、卫生要求”是指，对工业产品生产、流通、使用过程中的技术要求。

5. “有关环境保护的各项技术要求和检验方法”是指，环境保护的安全、卫生指标和检验方法，环境质量、污染物排放要求及其检验方法。

6. “建设工程的设计、施工方法和安全要求”，包括建设工程的勘察、设计、施工、验收的技术要求和方法。

7. “有关工业生产、工程建设和环境保护的技术术语、符号、代号和制图方法”是指，各种技术术语、有特定含义的图形、标志、符号，代表某种概念或事物的字母或数字和文件格式、设计绘图方法。

8. “重要农产品”是指，重要的农业、林业、牧业、渔业产品（含种子、种苗、种畜、种禽）。

9. “其他需要制定标准的项目”，包括信息、能源、资源、交通运输的技术要求，交通运输和工农业生产、工程建设的管理技术要求，互换配合的技术要求。

第三条 标准化工作的任务是制定标准、组织实施标准和对标准的实施进行监督。

标准化工作应当纳入国民经济和社会发展计划。

1. 本条是关于标准化工作任务和国家有计划发展标准化事业的规定。

2. 制定标准、组织实施标准和对标准的实施进行监督是标准化工作的主要任务。

“制定标准”是指，标准制定部门对需要制定标准的项目，编制计划，组织草拟，审批、编号、发布的活动。

“组织实施标准”是指，有组织、有计划、有措施地贯彻执行标准的活动。

“对标准的实施进行监督”是指，对标准贯彻执行情况进行督促、检查和处理的活动。

3.“标准化工作应当纳入国民经济和社会发展计划”是指，各级人民政府应当将标准化工作纳入国民经济和社会发展计划。标准化工作纳入国民经济和社会发展计划的项目是：制定标准的项目，实施标准和对标准实施监督的措施，以及标准化事业发展项目等。

第四条 国家鼓励积极采用国际标准。

1. 本条是关于国家对采用国际标准政策的规定。

2. 本法所指“采用国际标准”，包括采用国外先进标准。

国际标准是指国际标准化组织（ISO）、国际电工委员会（IEC）所制定的标准，以及ISO所出版的国际标准题内关键词索引（KWICIndex）中收录的其他国际组织制订的标准等。

国外先进标准包括有影响的区域标准、工业发达国家的标准和国际公认为有权威的团体标准和企业标准等。

3.“采用国际标准”的含义是指，把国际标准和国外先进标准的技术内容，通过分析，不同程度地纳入我国标准，并贯彻执行。采用国际标准的产品，技术水平相当于国外先进水平或国际一般水平。

4.“国家鼓励”是指，各级人民政府对采用国际标准的产品制定必要的鼓励政策和提供必要的优惠条件。

第五条 国务院标准化行政主管部门统一管理全国标准化工作。国务院有关行政主管部门分工管理本部门、本行业的标准化工作。

省、自治区、直辖市标准化行政主管部门统一管理本行政区域的标准化工作。省、自治区、直辖市政府有关行政主管部门分工管理本行政区域内本部门、本行业的标准化工作。

市、县标准化行政主管部门和有关行政主管部门，按照省、自治区、直辖市政府规定的各自的职责，管理本行政区域内的标准化工作。

1. 本条是关于国家标准化工作管理体制的规定。

2. 国家对标准化工作采用统一管理与分工管理相结合的管理体制。

“国务院标准化行政主管部门统一管理全国标准化工作”是指：

组织贯彻国家有关标准化工作的法律、行政法规、方针、政策；

组织制定全国标准化工作规划、计划；

组织制定国家标准；

指导国务院有关行政主管部门和省、自治区、直辖市人民政府标准化行政主管部门的标准化工作，协调和处理有关标准化工作问题；

组织实施标准；

对标准的实施情况进行监督检查；

统一管理全国的产品质量认证工作；

统一负责对有关国际标准化组织的业务联系。

“国务院有关行政主管部门分工管理本部门、本行业的标准化工作”是指：

贯彻国家标准化工作的法律、行政法规、规章、方针、政策，并制定在本部门、本行业实施的具体办法；

制定本部门、本行业的标准化工作规划、计划；

承担国家下达的草拟国家标准的任务，组织制定行业标准；

指导省、自治区、直辖市有关行政主管部门的标准化工作；

组织本部门、本行业实施标准；

对标准实施情况进行监督检查；

经国务院标准化行政主管部门授权，分工管理本行业的产品质量认证工作。

“省、自治区、直辖市人民政府标准化行政主管部门统一管理本行政区域的标准化工作”是指：

贯彻国家标准化工作的法律、行政法规、规章、方针、政策，并制定在本行政区域实施的具体办法；

制定地方标准化工作规划、计划；

组织制定地方标准；

指导本行政区域有关行政主管部门的标准化工作，协调和处理有关标准化工作问题；

在本行政区域组织实施标准；

对标准实施情况进行监督检查。

“省、自治区、直辖市有关行政主管部门分工管理本行政区域内本部门、本行业的标准化工作”是指：

贯彻国家和本部门、本行业、本行政区域标准化工作的法律、法规、规章、方针、政策，并制定实施的具体办法；

制定本行政区域内本部门、本行业的标准化工作规划、计划；

承担省、自治区、直辖市人民政府下达的草拟地方标准的任务；

在本行政区域内组织本部门、本行业实施标准；

对标准实施情况进行监督检查。

第二章　标准的制定

第六条　对需要在全国范围内统一的技术要求，应当制定国家标准。国家标准由国务院标准化行政主管部门制定。对没有国家标准而又需要在全国某个行业范围内统一的技术要求，可以制定行业标准。行业标准由国务院有关行政主管部门制定，并报国务院标准化行政主管部门备案，在公布国家标准之后，该项行业标准即行废止。对没有国家标准和行业标准而又需要在省、自治区、直辖市范围内统一的工业产品的安全、卫生要求，可以制定地方标准。地方标准由省、自治区、直辖市标准化行政主管部门制定，并报国务院标准化行政主管部门和国务院有关行政主管部门备案，在公布国家标准或者行业标准之后，该项地方标准即行废止。

企业生产的产品没有国家标准和行业标准的，应当制定企业标准，作为组织生产的依据。企业的产品标准须报当地政府标准化行政主管部门和有关行政主管部门备案。已有国家标准或者行业标准的，国家鼓励企业制定严于国家标准或者行业标准的企业标准，在企业内部适用。

法律对标准的制定另有规定的，依照法律的规定执行。

1. 本条是对国家标准、行业标准、地方标准和企业标准的制定部门和各类标准的适用范围的规定。

2. 对需要在全国范围内统一的下列技术要求，应当制定国家标准（含标准样品的制作）：

通用技术术语符号代号（含代码）、文件格式、制图方法等通用技术要求和互换配合要求；

保障人体健康和人身、财产安全的技术要求；

基本原料、燃料、材料的技术要求；

通用基础件的技术要求；

通用的试验、检验方法；

工农业生产、工程建设、信息、能源、资源和交通运输等通用的管理技术要求；

工程建设的勘察、规划、设计、施工及验收的重要技术要求；

国家需要控制的其他重要产品和工程建设的通用技术要求。

国家标准由国务院标准化行政主管部门编制计划，组织草拟，统一审批、编号、发布。

其中，药品、兽药的国家标准，分别由国务院卫生主管部门、农业主管部门审批编号、发布；食品卫生、环境保护国家标准分别由卫生主管部门、环境保护主管部门审批；国务院标准化行政主管部门编号、发布；工程建设国家标准，由工程建设主管部门审批，由国务院标准化行政主管部门统一编号，由国务院标准化行政主管部门和工程建设主管部门联合发布。

3. 对没有国家标准而又需要在全国某个行业范围内统一的技术要求，可以制定行业标准（含标准样品的制作）。制定行业标准的项目由国务院标准化行政主管部门确定的行业标准主管部门确定。

行业标准由国务院有关行政主管部门编制计划，组织草拟，统一审批、编号、发布，并报国务院标准化行政主管部门备案。

行业标准在相应的国家标准实施后，自行废止。

4. 对没有国家标准和行业标准而又需要在省、自治区、直辖市范围内统一的工业产品的安全、卫生要求，可以制定地方标准。制定地方标准的项目，由省、自治区、直辖市人民政府标准化行政主管部门确定。

地方标准由省、自治区、直辖市人民政府标准化行政主管部门编制计划，组织草拟，统一审批、编号、发布，并报国务院标准化行政主管部门和国务院有关行政主管部门备案。

法律、行政法规对地方标准的制定另有规定的，依照法律的规定执行。

地方标准在相应的国家标准或行业标准实施后，自行废止。

5. 企业生产的产品没有国家标准、行业标准的，应当制定相应的企业标准，作为组织生产的依据。企业标准由企业组织制定，并按省、自治区、直辖市人民政府的规定备案。

6. 行业标准、地方标准和企业标准要求“备案”的含义是指，负责制定标准的部门、单位，在规定的时间内，按规定的要求，向规定的部门备案；受理备案的部门有权对与相关法律、行政法规、上一级标准相抵触的行业标准、地方标准、企业标准提出修改建议，责令备案的部门或企业限期改进或停止执行。制定标准的部门，应对标准实施的后果承担责任。

7. “企业的产品标准须报当地政府标准化行政主管部门和有关行政主管部门备案”是指，按企业的隶属关系，向企业的主管部门和与主管部门同级的政府标准化行政主管部门备案。国务院有关行政主管部门所属企业的企业产品标准，报国务院有关行政主管部门和企业所在省、自治区、直辖市标准化行政主管部门备案，国务院有关行政主管部门和省、自治区、直辖市双重领导的企业，企业产品标准还要报省、自治区、直辖市有关行政主管部门备案。县（含县）属以下企业的企业产品标准，向县级标准化主管部门备案。

8. “作为组织生产的依据”是指，企业生产的产品，必须执行相应的标准，即有国家标准、行业标准或地方标准的，必须执行；没有国家标准、行业标准或地方标准的，应当制定企业标准作为组织生产的依据。组织生产依据的标准，除合同另有规定的外，应是交货所依据的标准，也是监督检查所依据的标准。

9. “已有国家标准或者行业标准的，国家鼓励企业制定严于国家标准或者行业标准的企业标准，在企业内部适用”，此处所指的国家标准或行业标准，是指国家标准或行业标准中的强制性标准。“内部适用”是指标准可以不公开，也不要求备案。如果该标准作为交货依据，该标准必须备案。同时该标准也是监督检查的依据。

第七条 国家标准、行业标准分为强制性标准和推荐性标准。保障人体健康，人身、财产安全的标准和法律、行政法规规定强制执行的标准是强制性标准，其他标准是推荐性标准。

省、自治区、直辖市标准化行政主管部门制定的工业产品的安全、卫生要求的地方标准，在本行政区域内是强制性标准。

1. 本条是关于国家标准、行业标准和地方标准性质的规定。

2. “国家标准、行业标准分为强制性标准和推荐性标准”。下列标准属于强制性标准：

药品标准，食品卫生标准，兽药标准；

产品及产品生产、储运和使用中的安全、卫生标准，劳动安全、卫生标准，运输安全标准；

工程建设的质量、安全、卫生标准及国家需要控制的其他工程建设标准；

环境保护的污染物排放标准和环境质量标准；

重要的涉及技术衔接的通用技术术语、符号、代号（含代码）、文件格式和制图方法；

国家需要控制的通用的试验、检验方法标准；

互换配合标准；

国家需要控制的重要产品质量标准。

强制性标准以外的标准是推荐性标准。

地方标准是关于工业产品的安全卫生要求，在制定地方标准的地方是强制性标准。

第八条 制定标准应当有利于保障安全和人民的身体健康，保护消费者的利益，保护环境。

1. 本条是关于制定标准应遵循的原则的规定。

2. “制定标准应当有利于保障安全和人民的身体健康，保护消费者的利益，保护环境。”的含义是，在制定标准时，必须充分考虑有关的安全、卫生要求，以便在实施标准中和实施标准后，能消除或减弱有害因素对人体的危害，保护生产者、消费者的根本利益；并能保护环境免受破坏和污染。

第九条 制定标准应当有利于合理利用国家资源，推广科学技术成果，提高经济效益，并符合使用要求，有利于产品的通用互换，做到技术上先进，经济上合理。

1. 本条是关于制定标准应遵循的原则的规定。

2. 合理利用国家资源是我国一项重要的技术经济政策。“合理利用国家资源”的含义是，尽量利用本国、本地资源，合理和节约使用资源。

3. 标准是科学技术成果转化为生产力的桥梁。制定标准应注意吸收先进科学成果和先进技术，推动技术发展，提高社会经济效益。

4. “符合使用要求”是指，标准能满足社会需要，具有广泛的适应性和可行性。

第十条 制定标准应当做到有关标准的协调配套。

1. 本条是关于制定标准应遵循的原则的规定。

2. “有关标准的协调配套”是指，各种相互关联的标准之间，同类标准之间，产品标准与基础标准之间，原材料标准与工艺标准之间，相互衔接，相互协调。

第十一条 制定标准应当有利于促进对外经济技术合作和对外贸易。

1. 本条是关于制定标准应遵循的原则的规定。

2. “制定标准应当有利于促进对外经济技术合作和对外贸易”是指，制定标准应积极采用国际标准和国外先进标准，充分考虑经济技术合作和对外贸易的需要。

第十二条 制定标准应当发挥行业协会、科学研究机构和学术团体的作用。

制定标准的部门应当组织由专家组成的标准化技术委员会，负责标准的草拟，参加标准草案的审查工作。

1. 本条是关于制定标准组织形式的规定。

2. “制定标准时应当发挥行业协会、科学研究机构和学术团体的作用”是指，制定标准的部门或单位应当吸收有关的行业协会、科学研究机构和学术团体参加标准的草拟、审查工作，或充分听取他们的意见。

3. “制定标准的部门应当组织由专家组成的标准化技术委员会，负责标准的草拟，参加标准草案的审查工作”。标准化技术委员会是草拟标准、审查标准的有效组织形式。标准化技术委员会应当由用户、生产单位、行业协会、科学技术研究机构、技术检验机构、学术团体及有关部门的专家组成。

第十三条 标准实施后，制定标准的部门应当根据科学技术的发展和经济建设的需要适时进行复审，以确认现行标准继续有效或者予以修订、废止。

1. 本条是关于标准复审的规定。

2. “复审”是制定标准的部门对标准的重新审查。

3. 复审的原则是综合考虑标准是否还适应科学技术的发展和经济建设的需要。

4. 复审的结果是对标准予以确认、修订或废止。

第三章 标准的实施

第十四条 强制性标准，必须执行。不符合强制性标准的产品，禁止生产、销售和进口。推荐性标准，国家鼓励企业自愿采用。

1. 本条是关于强制性标准和推荐性标准实施要求的规定。

2. “强制性标准，必须执行”是指，从事科研、生产、经营的单位和个人，必须严格执行强制性标准。

3.“推荐性标准，国家鼓励企业自愿采用”是指，（1）推荐性标准，企业自愿采用；（2）国家将采取优惠措施，鼓励企业采用推荐性标准。推荐性标准一旦纳入指令性文件，将具有相应的行政约束力。

4.“不符合强制性标准的产品，禁止生产、销售和进口”是指，在国内销售的一切产品（包括配套设备）不符合强制性标准要求的，不准生产和销售；专为出口而生产的产品（包括配套设备）不符合强制性标准要求的，不准在国内销售；不符合强制性标准要求的产品（包括配套设备），不准进口。

第十五条 企业对有国家标准或者行业标准的产品，可以向国务院标准化行政主管部门或者国务院标准化行政主管部门授权的部门申请产品质量认证。认证合格的，由认证部门授予认证证书，准许在产品或者其包装上使用规定的认证标志。

已经取得认证证书的产品不符合国家标准或者行业标准的，以及产品未经认证或者认证不合格的，不得使用认证标志出厂销售。

1. 本条是关于产品质量认证的规定。

2.“认证”是依据标准和相应要求，经认证机构确认并通过颁发认证证书和标志，以证明某一产品符合相应标准和要求的活动。

3.“产品质量认证”包括合格认证和安全认证。

4. 认证所依据的标准是国家标准或行业标准。

5.“认证部门”是指，国务院标准化行政主管部门或国务院标准化行政主管部门授权的部门。认证工作由国务院标准化行政主管部门组织或国务院标准化行政主管部门授权的部门建立的行业认证机构实施。

6. 取得认证证书的产品准许在产品或其包装上使用规定的标志。不符合认证标准的产品或未经认证的产品，不得使用所规定的认证标志。

第十六条 出口产品的技术要求，依照合同的约定执行。

1. 本条是关于出口产品技术要求的规定。

2. 合同要求可以用我国的标准、进口国标准、第三国的标准或国际标准，也可以是其他技术要求。

3. 不得单独制定出口标准。

第十七条 企业研制新产品、改进产品，进行技术改造，应当符合标准化要求。

1. 本条是关于研制新产品、改进产品和进行技术改造应符合标准化要求的规定。

2. “应符合标准化要求”是指，符合国家标准化法律、行政法规、规章和有关强制性标准的要求。

第十八条 县级以上政府标准化行政主管部门负责对标准的实施进行监督检查。

1. 本条是关于对标准的实施进行执法监督检查的规定。

2. “对标准实施进行监督检查”的含义，是指对标准执行情况依法进行的监督、检查和处理。

3. “县级以上”，含县（下同）。

第十九条 县级以上政府标准化行政主管部门，可以根据需要设置检验机构，或者授权其他单位的检验机构，对产品是否符合标准进行检验。法律、行政法规对检验机构另有规定的，依照法律、行政法规的规定执行。

处理有关产品是否符合标准的争议，以前款规定的检验机构的检验数据为准。

1. 本条是关于设置检验机构的规定。

2. “县级以上政府标准化行政主管部门，可以根据需要设置检验机构，或者授权其他单位的检验机构，对产品是否符合标准进行检验”是指，县级以上政府标准化行政主管部门，可以根据需要设置检验机构，或者授权其他单位的检验机构，这些检验机构属于法定检验机构，但必须在统一规划下进行，以使检验机构布局合理。

3. 检验机构的任务是，对产品是否符合标准进行检验和承担其他标准实施的监督检验。其检验机构提供的检验数据具有法律效力，是处理有关产品是否符合标准争议的依据。

4. “法律、行政法规对检验机构另有规定的，依照法律、行政法规的规定执行”是指，《进出口商品检验法》、《食品卫生法》、《药品管理法》、《锅炉压力容器安全监察暂行条例》、《计量法》等法律和行政法规，对检验机构另有规定，其检验机构的设置依照这些法律、行政法规的规定执行。

第四章　法律责任

第二十条　生产、销售、进口不符合强制性标准的产品的，由法律、行政法规规定的行政主管部门依法处理，法律、行政法规未作规定的由工商行政管理部门没收产品和违法所得，并处罚款；造成严重后果构成犯罪的，对直接责任人员依法追究刑事责任。

1. 本条是关于对违反强制性标准的行为追究法律责任的规定。

2. “生产、销售、进口不符合强制性标准的产品的，由法律、行政法规规定的行政主管部门依法处理”是指，违反规定有强制性标准内容的法律、法规，如《药品管理法》、《食品卫生法》、《环境保护法》等等，由该法所规定的行政主管部门依法处理。县级以上政府标准化行政主管部门的行政处罚权，依据《中华人民共和国标准化法实施条例》规定进行。

3. 法律、行政法规未作规定的，其处罚由工商行政管理部门决定。

4. 造成严重后果构成犯罪的，对直接责任人员依法追究刑事责任。

第二十一条　已经授予认证证书的产品不符合国家标准或者行业标准而使用认证标志出厂销售的，由标准化行政主管部门责令停止销售，并处罚款；情节严重的，由认证部门撤销其证书。

1. 本条是关于对已经授予认证证书的产品不符合规定标准而使用认证标志出厂销售的行为追究法律责任的规定。

2. 本条所说的“标准化行政主管部门”是指，负责监督的县级以上政府标准化行政主管部门。

第二十二条　产品未经认证或者认证不合格而擅自使用认证标志出厂销售的，由标准化行政主管部门责令停止销售，并处罚款。

1. 本条是关于对擅自使用认证标志出厂销售的行为追究法律责任的规定。

2. 本条所说的“标准化行政主管部门”是指，擅自使用认证标志企业所在地的县级以上政府标准化行政主管部门，发现问题的标准化行政主管部门，有权责令其停止销售，并处罚款。

第二十三条　当事人对没收产品、没收违法所得和罚款的处罚不服的，可以在接到处罚通知之日起十五日内，向作出处罚决定的机关的上一级机关申请复议，对复议决定不服的，可以在接到复议决定之日起十五日内，向人民法院起诉。当事人也可以在接到处罚通知之日起十五日内，直接向人民法院起诉。当事人逾期不申请复议或者不向人民法院起诉又不履行处罚决定的，由作出处罚决定的机关申请人民法院强制执行。

1. 本条是关于当事人（包括法人）对申请复议、起诉和人民法院强制执行处罚决定的规定。

2. 当事人对处罚不服向作出处罚决定的上一级标准化行政主管部门申请复议，或向人民法院起诉，必须在规定时间内进行，超过时限，即失去应有的权利。

第二十四条 标准化工作的监督、检验、管理人员违法失职、徇私舞弊的，给予行政处分；构成犯罪的，依法追究刑事责任。

1. 本条是关于对标准化工作监督、检验、管理人员的违法行为追究法律责任的规定。

2. 给予违法人员的行政处分由违法人员的所在行政主管部门决定。

3. 本条所指“管理人员”，包括从事标准制定、组织标准实施和对标准实施进行监督的管理人员。

第五章 附 则

第二十五条 本法实施条例由国务院制定。

1. 本条是关于制定实施条例的规定。

2. 本法的实施条例由国务院制定。

第二十六条 本法自 1989 年 4 月 1 日起施行。

1. 本条是关于本法生效时间的规定。

2. 本法自 1989 年 4 月 1 日起生效。

中华人民共和国标准化法实施条例

发布机构：中华人民共和国国务院
发布日期：1990.04.06
生效日期：1990.04.06

第一章 总 则

第一条 根据《中华人民共和国标准化法》（以下简称《标准化法》）的规定，制定本条例。

第二条 对下列需要统一的技术要求，应当制定标准：

（一）工业产品的品种、规格、质量、等级或者安全、卫生要求；

（二）工业产品的设计、生产、试验、检验、包装、储存、运输、使用的方法或者生产、储存、运输过程中的安全、卫生要求；

（三）有关环境保护的各项技术要求和检验方法；

（四）建设工程的勘察、设计、施工、验收的技术要求和方法；

（五）有关工业生产、工程建设和环境保护的技术术语、符号、代号、制图方法、互换配合要求；

（六）农业（含林业、牧业、渔业，下同）产品（含种子、种苗、种畜、种禽，下同）的品种、规格、质量、等级、检验、包装、储存、运输以及生产技术、管理技术的要求；

（七）信息、能源、资源、交通运输的技术要求。

第三条 国家有计划地发展标准化事业。标准化工作应当纳入各级国民经济和社会发展计划。

第四条 国家鼓励采用国际标准和国外先进标准，积极参与制定国际标准。

第二章 标准化工作的管理

第五条 标准化工作的任务是制定标准、组织实施标准和对标准的实施进行监督。

第六条 国务院标准化行政主管部门统一管理全国标准化工作，履行下列职责：

（一）组织贯彻国家有关标准化工作的法律、法规、方针、政策；

（二）组织制定全国标准化工作规划、计划；

（三）组织制定国家标准；

（四）指导国务院有关行政主管部门和省、自治区、直辖市人民政府标准化行政主管部门的标准化工作，协调和处理有关标准化工作问题；

（五）组织实施标准；

（六）对标准的实施情况进行监督检查；

（七）统一管理全国的产品质量认证工作；

（八）统一负责对有关国际标准化组织的业务联系。

第七条 国务院有关行政主管部门分工管理本部门、本行业的标准化工作，履行下列职责：

（一）贯彻国家标准化工作的法律、法规、方针、政策，并制定在本部门、本行业实施的具体办法；

（二）制定本部门、本行业的标准化工作规则、计划；

（三）承担国家下达的草拟国家标准的任务，组织制定行业标准；

（四）指导省、自治区、直辖市有关行政主管部门的标准化工作；

（五）组织本部门、本行业实施标准；

（六）对标准实施情况进行监督检查；

（七）经国务院标准化行政主管部门授权，分工管理本行业的产品质量认证工作。

第八条 省、自治区、直辖市人民政府标准化行政主管部门统一管理本行政区域的标准化工作，履行下列职责：

（一）贯彻国家标准化工作的法律、法规、方针、政策，并制定在本行政区域实施的具体办法；

（二）制定地方标准化工作规则、计划；

（三）组织制定地方标准；

（四）指导本行政区域有关行政主管部门的标准化工作，协调和处理有关标准化工作问题；

（五）在本行政区域组织实施标准；

（六）对标准实施情况进行监督检查。

第九条 省、自治区、直辖市有关行政主管部门分工管理本行政区域内本部门、本行业的标准化工作，履行下列职责：

（一）贯彻国家和本部门、本行业、本行政区域标准化工作的法律、法规、方针、政策，并制定实施的具体办法；

（二）制定本行政区域内本部门、本行业的标准化工作规划、计划；

（三）承担省、自治区、直辖市人民政府下达的草拟地方标准的任务；

（四）在本行政区域内组织本部门、本行业实施标准；

（五）对标准实施情况进行监督检查。

第十条 市、县标准化行政主管部门和有关行政主管部门的职责分工，由省、自治区、直辖市人民政府规定。

第三章 标准的制定

第十一条 对需要在全国范围内统一的下列技术要求，应当制定国家标准（含标准样品的制作）：

（一）互换配合、通用技术语言要求；

（二）保障人体健康和人身、财产安全的技术要求；

（三）基本原料、燃料、材料的技术要求；

（四）通用基础件的技术要求；

（五）通用的试验、检验方法；

（六）通用的管理技术要求；

（七）工程建设的重要技术要求；

（八）国家需要控制的其他重要产品的技术要求。

第十二条 国家标准由国务院标准化行政主管部门编制计划，组织草拟，统一审批、编号、发布。

工程建设、药品、食品卫生、兽药、环境保护的国家标准，分别由国务院工程建设主管部门、卫生主管部门、农业主管部门、环境保护主管部门组织草拟、审批；其编号、发布办法由国务院标准化行政主管部门会同国务院有关行政主管部门制定。

法律对国家标准的制定另有规定的，依照法律的规定执行。

第十三条 对没有国家标准而又需要在全国某个行业范围内统一的技术要求，可以制定行业标准（含标准样品的制作）。制定行业标准的项目由国务院有关行政主管部门确定。

第十四条 行业标准由国务院有关行政主管部门编制计划、组织草拟，统一审批、编号、发布，并报国务院标准化行政主管部门备案。

行业标准在相应的国家标准实施后，自行废止。

第十五条 对没有国家标准和行业标准而又需要在省、自治区、直辖市范围内统一的工业产品的安全、卫生要求，可以制定地方标准。制定地方标准的项目，由省、自治区、直辖市人民政府标准化行政主管部门确定。

第十六条 地方标准由省、自治区、直辖市人民政府标准化行政主管部门编制计划，组织草拟，统一审批、编号、发布，并报国务院标准化行政主管部门和国务院有关行政主管部门备案。

法律对地方标准的制定另有规定的，依照法律的规定执行。

地方标准在相应的国家标准或行业标准实施后，自行废止。

第十七条 企业生产的产品没有国家标准、行业标准和地方标准的，应当制定相应的企业标准，作为组织生产的依据。企业标准由企业组织制定（农业企业标准制定办法另定），并按省、自治区、直辖市人民政府的规定备案。

对已有国家标准、行业标准或者地方标准的，鼓励企业制定严于国家标准、行业标准或者地方标准要求的企业标准，在企业内部适用。

第十八条 国家标准、行业标准分为强制性标准和推荐性标准。

下列标准属于强制性标准：

（一）药品标准，食品卫生标准，兽药标准；

（二）产品及产品生产、储运和使用中的安全、卫生标准，劳动安全、卫生标准，运输安全标准；

（三）工程建设的质量、安全、卫生标准及国家需要控制的其他工程建设标准；

（四）环境保护的污染物排放标准和环境质量标准；

（五）重要的通用技术术语、符号、代号和制图方法；

（六）通用的试验、检验方法标准；

（七）互换配合标准；

（八）国家需要控制的重要产品质量标准。

国家需要控制的重要产品目录由国务院标准化行政主管部门会同国务院有关行政主管部门确定。

强制性标准以外的标准是推荐性标准。

省、自治区、直辖市人民政府标准化行政主管部门制定的工业产品的安全、卫生要求的地方标准，在本行政区域内是强制性标准。

第十九条 制定标准应当发挥行业协会、科学技术研究机构和学术团体的作用。

制定国家标准、行业标准和地方标准的部门应当组织由用户、生产单位、行业协会、科学技术研究机构、学术团体及有关部门的专家组成标准化技术委员会，负责标准草拟和参加标准草案的技术审查工作。未组成标准化技术委员会的，可以由标准化技术归口单位负责标准草拟和参加标准草案的技术审查工作。

制定企业标准应当充分听取使用单位、科学技术研究机构的意见。

第二十条 标准实施后，制定标准的部门应当根据科学技术的发展和经济建设的需要适时进行复审。标准复审周期一般不超过五年。

第二十一条 国家标准、行业标准和地方标准的代号、编号办法，由国务院标准化行政主管部门统一规定。

企业标准的代号、编号办法，由国务院标准化行政主管部门会同国务院有关行政主管部门规定。

第二十二条 标准的出版、发行办法，由制定标准的部门规定。

第四章 标准的实施与监督

第二十三条 从事科研、生产、经营的单位和个人，必须严格执行强制性标准。不符合强制性标准的产品，禁止生产、销售和进口。

第二十四条 企业生产执行国家标准、行业标准、地方标准或企业标准，应当在产品或其说明书、包装物上标注所执行标准的代号、编号、名称。

第二十五条 出口产品的技术要求由合同双方约定。

出口产品在国内销售时，属于我国强制性标准管理范围的，必须符合强制性标准的要求。

第二十六条 企业研制新产品、改进产品、进行技术改造，应当符合标准化要求。

第二十七条 国务院标准化行政主管部门组织或授权国务院有关行政主管部门建立行业认证机构，进行产品质量认证工作。

第二十八条 国务院标准化行政主管部门统一负责全国标准实施的监督。国务院有关行政主管部门分工负责本部门、本行业的标准实施的监督。

省、自治区、直辖市标准化行政主管部门统一负责本行政区域内的标准实施的监督。省、自治区、直辖市人民政府有关行政主管部门分工负责本行政区域内本部门、本行业的标准实施的监督。

市、县标准化行政主管部门和有关行政主管部门，按照省、自治区、直辖市人民政府规定的各自的职责，负责本行政区域内的标准实施的监督。

第二十九条 县级以上人民政府标准化行政主管部门，可以根据需要设置检验机构，或者授权其他单位的检验机构，对产品是否符合标准进行检验和承担其他标准实施的监督检验任务。检验机构的设置应当合理布局，充分利用现有力量。

国家检验机构由国务院标准化行政主管部门会同国务院有关行政主管部门规划、审查。地方检验机构由省、自治区、直辖市人民政府标准化行政主管部门会同省级有关行政主管部门规划、审查。

处理有关产品是否符合标准的争议，以本条规定的检验机构的检验数据为准。

第三十条 国务院有关行政主管部门可以根据需要和国家有关规定设立检验机构、负责本行业、本部门的检验工作。

第三十一条 国家机关、社会团体、企业事业单位及全体公民均有权检举、揭发违反强制性标准的行为。

第五章 法律责任

第三十二条 违反《标准化法》和本条例有关规定，有下列情形之一的，由标准化行政主管部门或有关行政主管部门在各自的职权范围内责令限期改进，并可通报批评或给予责任者行政处分：

（一）企业未按规定制定标准作为组织生产依据的；

（二）企业未按规定要求将产品标准上报备案的；

（三）企业的产品未按规定附有标识或与其标识不符的；

（四）企业研制新产品、改进产品、进行技术改造，不符合标准化要求的；

（五）科研、设计、生产中违反有关强制性标准规定的。

第三十三条 生产不符合强制性标准的产品的，应当责令其停止生产，并没收产品，监督销毁或作必要技术处理；处以该批产品货值金额百分之二十至百分之五十的罚款；对有关责任者处以五千元以下罚款。

销售不符合强制性标准的商品的，应当责令其停止销售，并限期追回已售出的商品，监督销毁或作必要技术处理；没收违法所得；处以该批商品货值金额百分之十至百分之二十的罚款；对有关责任者处以五千元以下罚款。

进口不符合强制性标准的产品的，应当封存并没收该产品，监督销毁或作必要技术处理；处以进口产品货值金额百分之二十至百分之五十的罚款；对有关责任者给予行政处分，并可处以五千元以下罚款。

本条规定的责令停止生产、行政处分，由有关行政主管部门决定；其他行政处罚由标准化行政主管部门和工商行政管理部门依据职权决定。

第三十四条 生产、销售、进口不符合强制性标准的产品，造成严重后果，构成犯罪的，由司法机关依法追究直接责任人员的刑事责任。

第三十五条 获得认证证书的产品不符合认证标准而使用认证标志出厂销售的，由标准化行政主管部门责令其停止销售，并处以违法所得二倍以下的罚款；情节严重的，由认证部门撤销其认证证书。

第三十六条 产品未经认证或者认证不合格而擅自使用认证标志出厂销售的，由标准化行政主管部门责令其停止销售，处以违法所得三倍以下的罚款，并对单位负责人处以五千元以下罚款。

第三十七条 当事人对没收产品、没收违法所得和罚款的处罚不服的，可以在接到处罚通知之日起十五日内，向作出处罚决定的机关的上一级机关申请复议；对复议决定不服的，可以在接到复议决定之日起十五日内，向人民法院起诉。当事人也可以在接到处罚通知之日起十五日内，直接向人民法院起诉。当事人逾期不申请复议或者不向人民法院起诉又不履行处罚决定的，由作出处罚决定的机关申请人民法院强制执行。

第三十八条 本条例第三十二条至第三十六条规定的处罚不免除由此产生的对他人的损害赔偿责任。受到损害的有权要求责任人赔偿损失。赔偿责任和赔偿金额纠纷可以由有关行政主管部门处理，当事人也可以直接向人民法院起诉。

第三十九条 标准化工作的监督、检验、管理人员有下列行为之一的，由有关主管部门给予行政处分，构成犯罪的，由司法机关依法追究刑事责任：

（一）违反本条例规定，工作失误，造成损失的；

（二）伪造、篡改检验数据的；

（三）徇私舞弊、滥用职权、索贿受贿的。

第四十条 罚没收入全部上缴财政。对单位的罚款，一律从其自有资金中支付，不得列入成本。对责任人的罚款，不得从公款中核销。

第六章 附 则

第四十一条 军用标准化管理条例，由国务院、中央军委另行制定。

第四十二条 工程建设标准化管理规定，由国务院工程建设主管部门依据《标准化法》和本条例的有关规定另行制定，报国务院批准后实施。

第四十三条 本条例由国家技术监督局负责解释。

第四十四条 本条例自发布之日起施行。

中华人民共和国国务院令

（第390号）

《中华人民共和国认证认可条例》已经2003年8月20日国务院第18次常务会议通过，现予公布，自2003年11月1日起施行。

总理　温家宝

二〇〇三年九月三日

中华人民共和国认证认可条例

第一章　总　　则

第一条　为了规范认证认可活动，提高产品、服务的质量和管理水平，促进经济和社会的发展，制定本条例。

第二条　本条例所称认证，是指由认证机构证明产品、服务、管理体系符合相关技术规范、相关技术规范的强制性要求或者标准的合格评定活动。

本条例所称认可，是指由认可机构对认证机构、检查机构、实验室以及从事评审、审核等认证活动人员的能力和执业资格，予以承认的合格评定活动。

第三条　在中华人民共和国境内从事认证认可活动，应当遵守本条例。

第四条　国家实行统一的认证认可监督管理制度。

国家对认证认可工作实行在国务院认证认可监督管理部门统一管理、

监督和综合协调下，各有关方面共同实施的工作机制。

第五条 国务院认证认可监督管理部门应当依法对认证培训机构、认证咨询机构的活动加强监督管理。

第六条 认证认可活动应当遵循客观独立、公开公正、诚实信用的原则。

第七条 国家鼓励平等互利地开展认证认可国际互认活动。认证认可国际互认活动不得损害国家安全和社会公共利益。

第八条 从事认证认可活动的机构及其人员，对其所知悉的国家秘密和商业秘密负有保密义务。

第二章 认证机构

第九条 设立认证机构，应当经国务院认证认可监督管理部门批准，并依法取得法人资格后，方可从事批准范围内的认证活动。

未经批准，任何单位和个人不得从事认证活动。

第十条 设立认证机构，应当符合下列条件：

（一）有固定的场所和必要的设施；

（二）有符合认证认可要求的管理制度；

（三）注册资本不得少于人民币 300 万元；

（四）有 10 名以上相应领域的专职认证人员。

从事产品认证活动的认证机构，还应当具备与从事相关产品认证活动相适应的检测、检查等技术能力。

第十一条 设立外商投资的认证机构除应当符合本条例第十条规定的条件外，还应当符合下列条件：

（一）外方投资者取得其所在国家或者地区认可机构的认可；

（二）外方投资者具有 3 年以上从事认证活动的业务经历。

设立外商投资认证机构的申请、批准和登记，按照有关外商投资法律、行政法规和国家有关规定办理。

第十二条 设立认证机构的申请和批准程序：

（一）设立认证机构的申请人，应当向国务院认证认可监督管理部门提出书面申请，并提交符合本条例第十条规定条件的证明文件；

（二）国务院认证认可监督管理部门自受理认证机构设立申请之日起

90 日内，应当作出是否批准的决定。涉及国务院有关部门职责的，应当征求国务院有关部门的意见。决定批准的，向申请人出具批准文件，决定不予批准的，应当书面通知申请人，并说明理由；

（三）申请人凭国务院认证认可监督管理部门出具的批准文件，依法办理登记手续。

国务院认证认可监督管理部门应当公布依法设立的认证机构名录。

第十三条 境外认证机构在中华人民共和国境内设立代表机构，须经批准，并向工商行政管理部门依法办理登记手续后，方可从事与所从属机构的业务范围相关的推广活动，但不得从事认证活动。

境外认证机构在中华人民共和国境内设立代表机构的申请、批准和登记，按照有关外商投资法律、行政法规和国家有关规定办理。

第十四条 认证机构不得与行政机关存在利益关系。

认证机构不得接受任何可能对认证活动的客观公正产生影响的资助；不得从事任何可能对认证活动的客观公正产生影响的产品开发、营销等活动。

认证机构不得与认证委托人存在资产、管理方面的利益关系。

第十五条 认证人员从事认证活动，应当在一个认证机构执业，不得同时在两个以上认证机构执业。

第十六条 向社会出具具有证明作用的数据和结果的检查机构、实验室，应当具备有关法律、行政法规规定的基本条件和能力，并依法经认定后，方可从事相应活动，认定结果由国务院认证认可监督管理部门公布。

第三章 认　证

第十七条 国家根据经济和社会发展的需要，推行产品、服务、管理体系认证。

第十八条 认证机构应当按照认证基本规范、认证规则从事认证活动。认证基本规范、认证规则由国务院认证认可监督管理部门制定；涉及国务院有关部门职责的，国务院认证认可监督管理部门应当会同国务院有关部门制定。

属于认证新领域，前款规定的部门尚未制定认证规则的，认证机构可以自行制定认证规则，并报国务院认证认可监督管理部门备案。

第十九条 任何法人、组织和个人可以自愿委托依法设立的认证机构进行产品、服务、管理体系认证。

第二十条 认证机构不得以委托人未参加认证咨询或者认证培训等为理由，拒绝提供本认证机构业务范围内的认证服务，也不得向委托人提出与认证活动无关的要求或者限制条件。

第二十一条 认证机构应当公开认证基本规范、认证规则、收费标准等信息。

第二十二条 认证机构以及与认证有关的检查机构、实验室从事认证以及与认证有关的检查、检测活动，应当完成认证基本规范、认证规则规定的程序，确保认证、检查、检测的完整、客观、真实，不得增加、减少、遗漏程序。

认证机构以及与认证有关的检查机构、实验室应当对认证、检查、检测过程作出完整记录，归档留存。

第二十三条 认证机构及其认证人员应当及时作出认证结论，并保证认证结论的客观、真实。认证结论经认证人员签字后，由认证机构负责人签署。

认证机构及其认证人员对认证结果负责。

第二十四条 认证结论为产品、服务、管理体系符合认证要求的，认证机构应当及时向委托人出具认证证书。

第二十五条 获得认证证书的，应当在认证范围内使用认证证书和认证标志，不得利用产品、服务认证证书、认证标志和相关文字、符号，误导公众认为其管理体系已通过认证，也不得利用管理体系认证证书、认证标志和相关文字、符号，误导公众认为其产品、服务已通过认证。

第二十六条 认证机构可以自行制定认证标志，并报国务院认证认可监督管理部门备案。

认证机构自行制定的认证标志的式样、文字和名称，不得违反法律、行政法规的规定，不得与国家推行的认证标志相同或者近似，不得妨碍社会管理，不得有损社会道德风尚。

第二十七条 认证机构应当对其认证的产品、服务、管理体系实施有效的跟踪调查，认证的产品、服务、管理体系不能持续符合认证要求的，认证机构应当暂停其使用直至撤销认证证书，并予公布。

第二十八条 为了保护国家安全、防止欺诈行为、保护人体健康或者安全、保护动植物生命或者健康、保护环境，国家规定相关产品必须经过认证的，应当经过认证并标注认证标志后，方可出厂、销售、进口或者在其他经营活动中使用。

第二十九条 国家对必须经过认证的产品，统一产品目录，统一技术规范的强制性要求、标准和合格评定程序，统一标志，统一收费标准。

统一的产品目录（以下简称目录）由国务院认证认可监督管理部门会同国务院有关部门制定、调整，由国务院认证认可监督管理部门发布，并会同有关方面共同实施。

第三十条 列入目录的产品，必须经国务院认证认可监督管理部门指定的认证机构进行认证。

列入目录产品的认证标志，由国务院认证认可监督管理部门统一规定。

第三十一条 列入目录的产品，涉及进出口商品检验目录的，应当在进出口商品检验时简化检验手续。

第三十二条 国务院认证认可监督管理部门指定的从事列入目录产品认证活动的认证机构以及与认证有关的检查机构、实验室（以下简称指定的认证机构、检查机构、实验室），应当是长期从事相关业务、无不良记录，且已经依照本条例的规定取得认可、具备从事相关认证活动能力的机构。国务院认证认可监督管理部门指定从事列入目录产品认证活动的认证机构，应当确保在每一列入目录产品领域至少指定两家符合本条例规定条件的机构。

国务院认证认可监督管理部门指定前款规定的认证机构、检查机构、实验室，应当事先公布有关信息，并组织在相关领域公认的专家组成专家评审委员会，对符合前款规定要求的认证机构、检查机构、实验室进行评审；经评审并征求国务院有关部门意见后，按照资源合理利用、公平竞争和便利、有效的原则，在公布的时间内作出决定。

第三十三条 国务院认证认可监督管理部门应当公布指定的认证机构、检查机构、实验室名录及指定的业务范围。

未经指定，任何机构不得从事列入目录产品的认证以及与认证有关的检查、检测活动。

第三十四条 列入目录产品的生产者或者销售者、进口商，均可自行委托指定的认证机构进行认证。

第三十五条 指定的认证机构、检查机构、实验室应当在指定业务范围内，为委托人提供方便、及时的认证、检查、检测服务，不得拖延，不得歧视、刁难委托人，不得牟取不当利益。

指定的认证机构不得向其他机构转让指定的认证业务。

第三十六条 指定的认证机构、检查机构、实验室开展国际互认活动，应当在国务院认证认可监督管理部门或者经授权的国务院有关部门对外签署的国际互认协议框架内进行。

第四章 认　　可

第三十七条 国务院认证认可监督管理部门确定的认可机构（以下简称认可机构），独立开展认可活动。

除国务院认证认可监督管理部门确定的认可机构外，其他任何单位不得直接或者变相从事认可活动。其他单位直接或者变相从事认可活动的，其认可结果无效。

第三十八条 认证机构、检查机构、实验室可以通过认可机构的认可，以保证其认证、检查、检测能力持续、稳定地符合认可条件。

第三十九条 从事评审、审核等认证活动的人员，应当经认可机构注册后，方可从事相应的认证活动。

第四十条 认可机构应当具有与其认可范围相适应的质量体系，并建立内部审核制度，保证质量体系的有效实施。

第四十一条 认可机构根据认可的需要，可以选聘从事认可评审活动的人员。从事认可评审活动的人员应当是相关领域公认的专家，熟悉有关法律、行政法规以及认可规则和程序，具有评审所需要的良好品德、专业知识和业务能力。

第四十二条 认可机构委托他人完成与认可有关的具体评审业务的，由认可机构对评审结论负责。

第四十三条 认可机构应当公开认可条件、认可程序、收费标准等信息。

认可机构受理认可申请，不得向申请人提出与认可活动无关的要求或者限制条件。

第四十四条 认可机构应当在公布的时间内，按照国家标准和国务院认证认可监督管理部门的规定，完成对认证机构、检查机构、实验室的评审，作出是否给予认可的决定，并对认可过程作出完整记录，归档留存。认可机构应当确保认可的客观公正和完整有效，并对认可结论负责。

认可机构应当向取得认可的认证机构、检查机构、实验室颁发认可证书，并公布取得认可的认证机构、检查机构、实验室名录。

第四十五条 认可机构应当按照国家标准和国务院认证认可监督管理部门的规定，对从事评审、审核等认证活动的人员进行考核，考核合格的，予以注册。

第四十六条 认可证书应当包括认可范围、认可标准、认可领域和有效期限。

认可证书的格式和认可标志的式样须经国务院认证认可监督管理部门批准。

第四十七条 取得认可的机构应当在取得认可的范围内使用认可证书和认可标志。取得认可的机构不当使用认可证书和认可标志的，认可机构应当暂停其使用直至撤销认可证书，并予公布。

第四十八条 认可机构应当对取得认可的机构和人员实施有效的跟踪监督，定期对取得认可的机构进行复评审，以验证其是否持续符合认可条件。取得认可的机构和人员不再符合认可条件的，认可机构应当撤销认可证书，并予公布。

取得认可的机构的从业人员和主要负责人、设施、自行制定的认证规则等与认可条件相关的情况发生变化的，应当及时告知认可机构。

第四十九条 认可机构不得接受任何可能对认可活动的客观公正产生影响的资助。

第五十条 境内的认证机构、检查机构、实验室取得境外认可机构认可的，应当向国务院认证认可监督管理部门备案。

第五章　监督管理

第五十一条 国务院认证认可监督管理部门可以采取组织同行评议，向被认证企业征求意见，对认证活动和认证结果进行抽查，要求认证机构以及与认证有关的检查机构、实验室报告业务活动情况的方式，对其遵守本条例的情况进行监督。发现有违反本条例行为的，应当及时查处，涉及国务院有关部门职责的，应当及时通报有关部门。

第五十二条 国务院认证认可监督管理部门应当重点对指定的认证机构、检查机构、实验室进行监督，对其认证、检查、检测活动进行定期或者不定期的检查。指定的认证机构、检查机构、实验室，应当定期向国务院认证认可监督管理部门提交报告，并对报告的真实性负责；报告应当对从事列入目录产品认证、检查、检测活动的情况作出说明。

第五十三条 认可机构应当定期向国务院认证认可监督管理部门提交报告，并对报告的真实性负责；报告应当对认可机构执行认可制度的情况、从事认可活动的情况、从业人员的工作情况作出说明。

国务院认证认可监督管理部门应当对认可机构的报告作出评价，并采取查阅认可活动档案资料、向有关人员了解情况等方式，对认可机构实施监督。

第五十四条 国务院认证认可监督管理部门可以根据认证认可监督管理的需要，就有关事项询问认可机构、认证机构、检查机构、实验室的主要负责人，调查了解情况，给予告诫，有关人员应当积极配合。

第五十五条 省、自治区、直辖市人民政府质量技术监督部门和国务院质量监督检验检疫部门设在地方的出入境检验检疫机构，在国务院认证认可监督管理部门的授权范围内，依照本条例的规定对认证活动实施监督管理。

国务院认证认可监督管理部门授权的省、自治区、直辖市人民政府质量技术监督部门和国务院质量监督检验检疫部门设在地方的出入境检验检疫机构，统称地方认证监督管理部门。

第五十六条 任何单位和个人对认证认可违法行为，有权向国务院认证认可监督管理部门和地方认证监督管理部门举报。国务院认证认可监督管理部门和地方认证监督管理部门应当及时调查处理，并为举报人保密。

第六章 法律责任

第五十七条 未经批准擅自从事认证活动的，予以取缔，处10万元以上50万元以下的罚款，有违法所得的，没收违法所得。

第五十八条 境外认证机构未经批准在中华人民共和国境内设立代表机构的，予以取缔，处5万元以上20万元以下的罚款。

经批准设立的境外认证机构代表机构在中华人民共和国境内从事认证活动的，责令改正，处10万元以上50万元以下的罚款，有违法所得的，没收违法所得；情节严重的，撤销批准文件，并予公布。

第五十九条 认证机构接受可能对认证活动的客观公正产生影响的资助，或者从事可能对认证活动的客观公正产生影响的产品开发、营销等活动，或者与认证委托人存在资产、管理方面的利益关系的，责令停业整顿；情节严重的，撤销批准文件，并予公布；有违法所得的，没收违法所得；构成犯罪的，依法追究刑事责任。

第六十条 认证机构有下列情形之一的，责令改正，处5万元以上20万元以下的罚款，有违法所得的，没收违法所得；情节严重的，责令停业整顿，直至撤销批准文件，并予公布：

（一）超出批准范围从事认证活动的；

（二）增加、减少、遗漏认证基本规范、认证规则规定的程序的；

（三）未对其认证的产品、服务、管理体系实施有效的跟踪调查，或者发现其认证的产品、服务、管理体系不能持续符合认证要求，不及时暂停其使用或者撤销认证证书并予公布的；

（四）聘用未经认可机构注册的人员从事认证活动的。

与认证有关的检查机构、实验室增加、减少、遗漏认证基本规范、认证规则规定的程序的，依照前款规定处罚。

第六十一条 认证机构有下列情形之一的，责令限期改正；逾期未改正的，处2万元以上10万元以下的罚款：

（一）以委托人未参加认证咨询或者认证培训等为理由，拒绝提供本认证机构业务范围内的认证服务，或者向委托人提出与认证活动无关的要求或者限制条件的；

（二）自行制定的认证标志的式样、文字和名称，与国家推行的认证标志相同或者近似，或者妨碍社会管理，或者有损社会道德风尚的；

（三）未公开认证基本规范、认证规则、收费标准等信息的；

（四）未对认证过程作出完整记录，归档留存的；

（五）未及时向其认证的委托人出具认证证书的。

与认证有关的检查机构、实验室未对与认证有关的检查、检测过程作出完整记录，归档留存的，依照前款规定处罚。

第六十二条 认证机构出具虚假的认证结论，或者出具的认证结论严重失实的，撤销批准文件，并予公布；对直接负责的主管人员和负有直接责任的认证人员，撤销其执业资格；构成犯罪的，依法追究刑事责任；造成损害的，认证机构应当承担相应的赔偿责任。

指定的认证机构有前款规定的违法行为的，同时撤销指定。

第六十三条 认证人员从事认证活动，不在认证机构执业或者同时在两个以上认证机构执业的，责令改正，给予停止执业 6 个月以上 2 年以下的处罚，仍不改正的，撤销其执业资格。

第六十四条 认证机构以及与认证有关的检查机构、实验室未经指定擅自从事列入目录产品的认证以及与认证有关的检查、检测活动的，责令改正，处 10 万元以上 50 万元以下的罚款，有违法所得的，没收违法所得。

认证机构未经指定擅自从事列入目录产品的认证活动的，撤销批准文件，并予公布。

第六十五条 指定的认证机构、检查机构、实验室超出指定的业务范围从事列入目录产品的认证以及与认证有关的检查、检测活动的，责令改正，处 10 万元以上 50 万元以下的罚款，有违法所得的，没收违法所得；情节严重的，撤销指定直至撤销批准文件，并予公布。

指定的认证机构转让指定的认证业务的，依照前款规定处罚。

第六十六条 认证机构、检查机构、实验室取得境外认可机构认可，未向国务院认证认可监督管理部门备案的，给予警告，并予公布。

第六十七条 列入目录的产品未经认证，擅自出厂、销售、进口或者在其他经营活动中使用的，责令改正，处 5 万元以上 20 万元以下的罚款，有违法所得的，没收违法所得。

第六十八条 认可机构有下列情形之一的，责令改正；情节严重的，对主要负责人和负有责任的人员撤职或者解聘：

（一）对不符合认可条件的机构和人员予以认可的；

（二）发现取得认可的机构和人员不符合认可条件，不及时撤销认可证书，并予公布的；

（三）接受可能对认可活动的客观公正产生影响的资助的。

被撤职或者解聘的认可机构主要负责人和负有责任的人员，自被撤职或者解聘之日起 5 年内不得从事认可活动。

第六十九条 认可机构有下列情形之一的，责令改正；对主要负责人和负有责任的人员给予警告：

（一）受理认可申请，向申请人提出与认可活动无关的要求或者限制条件的；

（二）未在公布的时间内完成认可活动，或者未公开认可条件、认可程序、收费标准等信息的；

（三）发现取得认可的机构不当使用认可证书和认可标志，不及时暂停其使用或者撤销认可证书并予公布的；

（四）未对认可过程作出完整记录，归档留存的。

第七十条 国务院认证认可监督管理部门和地方认证监督管理部门及其工作人员，滥用职权、徇私舞弊、玩忽职守，有下列行为之一的，对直接负责的主管人员和其他直接责任人员，依法给予降级或者撤职的行政处分；构成犯罪的，依法追究刑事责任：

（一）不按照本条例规定的条件和程序，实施批准和指定的；

（二）发现认证机构不再符合本条例规定的批准或者指定条件，不撤销批准文件或者指定的；

（三）发现指定的检查机构、实验室不再符合本条例规定的指定条件，不撤销指定的；

（四）发现认证机构以及与认证有关的检查机构、实验室出具虚假的认证以及与认证有关的检查、检测结论或者出具的认证以及与认证有关的检查、检测结论严重失实，不予查处的；

（五）发现本条例规定的其他认证认可违法行为，不予查处的。

第七十一条 伪造、冒用、买卖认证标志或者认证证书的，依照《中华人民共和国产品质量法》等法律的规定查处。

第七十二条 本条例规定的行政处罚，由国务院认证认可监督管理部门或者其授权的地方认证监督管理部门按照各自职责实施。法律、其他行政法规另有规定的，依照法律、其他行政法规的规定执行。

第七十三条 认证人员自被撤销执业资格之日起5年内，认可机构不再受理其注册申请。

第七十四条 认证机构未对其认证的产品实施有效的跟踪调查，或者发现其认证的产品不能持续符合认证要求，不及时暂停或者撤销认证证书和要求其停止使用认证标志给消费者造成损失的，与生产者、销售者承担连带责任。

第七章 附 则

第七十五条 药品生产、经营企业质量管理规范认证，实验动物质量合格认证，军工产品的认证，以及从事军工产品校准、检测的实验室及其人员的认可，不适用本条例。

依照本条例经批准的认证机构从事矿山、危险化学品、烟花爆竹生产经营单位管理体系认证，由国务院安全生产监督管理部门结合安全生产的特殊要求组织；从事矿山、危险化学品、烟花爆竹生产经营单位安全生产综合评价的认证机构，经国务院安全生产监督管理部门推荐，方可取得认可机构的认可。

第七十六条 认证认可收费，应当符合国家有关价格法律、行政法规的规定。

第七十七条 认证培训机构、认证咨询机构的管理办法由国务院认证认可监督管理部门制定。

第七十八条 本条例自 2003 年 11 月 1 日起施行。1991 年 5 月 7 日国务院发布的《中华人民共和国产品质量认证管理条例》同时废止。

为了依法推进简政放权、放管结合、优化服务改革，国务院对取消和调整行政审批项目、价格改革和实施普遍性降费措施涉及的行政法规进行了清理。国务院于 2016 年 2 月 6 日发布了《国务院关于修改部分行政法规的决定》（国务院令第 666 号），自公布之日起施行。《决定》对 66 部行政法规的部分条款予以修改。

其中对《中华人民共和国认证认可条例》修改如下：

将《中华人民共和国认证认可条例》第九条第一款修改为："取得认证机构资质，应当经国务院认证认可监督管理部门批准，并在批准范围内从事认证活动。"

第十条第一款修改为："取得认证机构资质，应当符合下列条件：

"（一）取得法人资格；

"（二）有固定的场所和必要的设施；

"（三）有符合认证认可要求的管理制度；

"（四）注册资本不得少于人民币 300 万元；

"（五）有 10 名以上相应领域的专职认证人员。"

第十一条修改为："外商投资企业取得认证机构资质，除应当符合本条例第十条规定的条件外，还应当符合下列条件：

"（一）外方投资者取得其所在国家或者地区认可机构的认可；

"（二）外方投资者具有 3 年以上从事认证活动的业务经历。

"外商投资企业取得认证机构资质的申请、批准和登记，还应当符合有关外商投资法律、行政法规和国家有关规定。"

第十二条修改为："认证机构资质的申请和批准程序：

"（一）认证机构资质的申请人，应当向国务院认证认可监督管理部门提出书面申请，并提交符合本条例第十条规定条件的证明文件；

"（二）国务院认证认可监督管理部门自受理认证机构资质申请之日起 45 日内，应当作出是否批准的决定。涉及国务院有关部门职责的，应当征求国务院有关部门的意见。决定批准的，向申请人出具批准文件，决定不予批准的，应当书面通知申请人，并说明理由。

"国务院认证认可监督管理部门应当公布依法取得认证机构资质的企业名录。"

第十三条修改为："境外认证机构在中华人民共和国境内设立代表机构，须向工商行政管理部门依法办理登记手续后，方可从事与所从属机构的业务范围相关的推广活动，但不得从事认证活动。

"境外认证机构在中华人民共和国境内设立代表机构的登记，按照有关外商投资法律、行政法规和国家有关规定办理。"

第二十六条修改为："认证机构可以自行制定认证标志。认证机构自行制定的认证标志的式样、文字和名称，不得违反法律、行政法规的规定，不得与国家推行的认证标志相同或者近似，不得妨碍社会管理，不得有损社会道德风尚。"

删去第四十六条第二款。

第五十五条中的"省、自治区、直辖市人民政府质量技术监督部门"修改为"县级以上地方人民政府质量技术监督部门"。

第五十八条修改为："境外认证机构未经登记在中华人民共和国境内设立代表机构的，予以取缔，处 5 万元以上 20 万元以下的罚款。

"经登记设立的境外认证机构代表机构在中华人民共和国境内从事认证活动的，责令改正，处 10 万元以上 50 万元以下的罚款，有违法所得的，没收违法所得；情节严重的，撤销批准文件，并予公布。"

国家标准管理办法

发布机构：国家技术监督局
发布日期：1990.08.14
生效日期：1990.08.14

第一章　总　　则

第一条　为了加强国家标准的管理，根据《中华人民共和国标准化法》和《中华人民共和国标准化法实施条例》的有关规定，制定本办法。

第二条　对需要在全国范围内统一的下列技术要求，应当制定国家标准（含标准样品的制作）：

（一）通用的技术术语、符号、代号（含代码）、文件格式、制图方法等通用技术语言要求和互换配合要求；

（二）保障人体健康和人身、财产安全的技术要求，包括产品的安全、卫生要求，生产、储存、运输和使用中的安全、卫生要求，工程建设的安全、卫生要求，环境保护的技术要求；

（三）基本原料、材料、燃料的技术要求；

（四）通用基础件的技术要求；

（五）通用的试验、检验方法；

（六）工农业生产、工程建设、信息、能源、资源和交通运输等通用的管理技术要求；

（七）工程建设的勘察、规划、设计、施工及验收的重要技术要求；

（八）国家需要控制的其他重要产品和工程建设的通用技术要求。

第三条　国家标准分为强制性国家标准和推荐性国家标准。

下列国家标准属于强制性国家标准：

（一）药品国家标准、食品卫生国家标准、兽药国家标准、农药国家标准；

（二）产品及产品生产、储运和使用中的安全、卫生国家标准，劳动安全、卫生国家标准，运输安全国家标准；

（三）工程建设的质量、安全、卫生国家标准及国家需要控制的其他工程建设国家标准；

（四）环境保护的污染物排放国家标准和环境质量国家标准；

（五）重要的涉及技术衔接的通用技术术语、符号、代号（含代码）、文件格式和制图方法国家标准；

（六）国家需要控制的通用的试验、检验方法国家标准；

（七）互换配合国家标准；

（八）国家需要控制的其他重要产品国家标准。

其他的国家标准是推荐性国家标准。

第四条 国家标准的代号由大写汉语拼音字母构成。

强制性国家标准的代号为“GB”，推荐性国家标准的代号为“GB/T”。

国家标准的编号由国家标准的代号、国家标准发布的顺序号和国家标准发布的年号（即发布年份的后两位数字）构成。示例：

GB ×××××－××

GB/T ×××××－××

第五条 制定国家标准应当贯彻国家的有关方针、政策、法律、法规；有利于合理开发和利用国家资源，推广科学技术成果；积极采用国际标准和国外先进标准，促进对外经济技术合作与对外贸易的发展；保障安全和人民的身体健康，保护环境；充分考虑使用要求，维护消费者的利益；做到技术先进、经济合理、安全可靠、协调配套。

第六条 产品质量标准，凡需要而又可能分等分级的，应作出合理的分等分级规定。

第七条 国家标准由国务院标准化行政主管部门编制计划，协调项目分工，组织制定（含修订，下同），统一审批、编号、发布。

法律对国家标准的制定另有规定的，依照法律的规定执行。

第二章 国家标准的计划

第八条 编制国家标准的计划项目应以国民经济和社会发展计划、国家科技发展计划、标准化发展计划等作为依据。

第九条 国务院标准化行政主管部门在每年六月提出编制下年度国家

标准计划项目的原则要求，下达给国务院有关行政主管部门和国务院标准化行政主管部门领导与管理的全国专业标准化技术委员会；国务院有关行政主管部门将编制国家标准计划项目的原则、要求，转发给由其负责领导和管理的全国专业标准化技术委员会或专业标准化技术归口单位（简称技术委员会或技术归口单位，下同）。

第十条 各技术委员会或技术归口单位根据编制国家标准计划项目的原则、要求，提出国家标准计划项目的建议，报其主管部门；国务院有关行政主管部门审查、协调后，于九月底提出国家标准计划项目草案和项目任务书（格式按附件1、2）报国务院标准化行政主管部门。

国务院各有关行政主管部门在协调国家标准计划项目过程中有困难时，可由国务院标准化行政主管部门协调解决。

第十一条 国务院标准化行政主管部门对上报的国家标准计划项目草案，统一汇总、审查、协调，于十二月底前将批准后的下年度国家标准计划项目下达。

第十二条 执行国家标准计划过程中，必要时可以对计划项目进行调整，调整的原则和内容是：

（一）确属急需制定国家标准的项目，可以增补；

（二）确属特殊情况，可以对计划项目的内容进行调整；

（三）确属不宜制定国家标准的项目，应予撤销。

第十三条 国家标准计划项目进行调整的程序如下：

（一）凡符合上述调整原则的项目，必须由负责起草单位填写“国家标准计划项目调整申请表”（格式按附件3），经项目主管部门审查同意，报国务院标准化行政主管部门批准；

（二）经国务院标准化行政主管部门批准后通知项目主管部门；

（三）当调整国家标准计划项目的申请未被批准时，必须依照原定计划进行工作。

第十四条 药品、兽药、食品卫生、环境保护和工程建设的国家标准计划，由国务院有关行政主管部门报国务院标准化行政主管部门审查后下达。

第三章 国家标准的制订

第十五条 国务院有关行政主管部门和国务院标准化行政主管部门领

导与管理的技术委员会，按下达的国家标准计划项目组织实施。应经常检查国家标准计划项目的进展情况，督促并创造条件，保证负责起草单位按计划完成任务。每年一月底前，将上年度计划执行情况报国务院标准化行政主管部门。

第十六条 负责起草单位应对所订国家标准的质量及其技术内容全面负责。应按 GB1《标准化工作导则》的要求起草国家标准征求意见稿，同时编写“编制说明”及有关附件，其内容一般包括：

（一）工作简况，包括任务来源、协作单位、主要工作过程、国家标准主要起草人及其所做的工作等；

（二）国家标准编制原则和确定国家标准主要内容（如技术指标、参数、公式、性能要求、试验方法、检验规则等）的论据（包括试验、统计数据），修订国家标准时，应增列新旧国家标准水平的对比；

（三）主要试验（或验证）的分析、综述报告，技术经济论证，预期的经济效果；

（四）采用国际标准和国外先进标准的程度，以及与国际、国外同类标准水平的对比情况，或与测试的国外样品、样机的有关数据对比情况；

（五）与有关的现行法律、法规和强制性国家标准的关系；

（六）重大分歧意见的处理经过和依据；

（七）国家标准作为强制性国家标准或推荐性国家标准的建议；

（八）贯彻国家标准的要求和措施建议（包括组织措施、技术措施、过渡办法等内容）；

（九）废止现行有关标准的建议；

（十）其他应予说明的事项。

对需要有标准样品对照的国家标准，一般应在审查国家标准前制备相应的标准样品。

第十七条 国家标准征求意见稿和“编制说明”及有关附件，经负责起草单位的技术负责人审查后，印发各有关部门的主要生产、经销、使用、科研、检验等单位及大专院校征求意见。

国家标准征求意见稿征求意见时，应明确征求意见的期限，一般为两个月。可列出征求意见的表格，以利对意见的综合、整理。

被征求意见的单位应在规定期限内回复意见，如没有意见也应复函说明，逾期不复函，按无异议处理。对比较重大的意见，应说明论据或提出技术经济论证。

第十八条 负责起草单位应对征集的意见进行归纳整理，分析研究和处理后提出国家标准送审稿、“编制说明”及有关附件、“意见汇总处理表”（格式按附件4），送负责该项目的技术委员会秘书处或技术归口单位审阅，并确定能否提交审查。必要时可重新征求意见。

第十九条 国家标准送审稿的审查，凡已成立技术委员会的，由技术委员会按《全国专业标准化技术委员会章程》组织进行。

第二十条 国家标准送审稿的审查，未成立技术委员会的，由项目主管部门或其委托的技术归口单位组织进行。参加审查的，应有各有关部门的主要生产、经销、使用、科研、检验等单位及大专院校的代表。其中，使用方面的代表不应少于四分之一。审查可采用会议审查或函审。对技术、经济意义重大，涉及面广，分歧意见较多的国家标准送审稿可会议审查；其余的可函审。会议审查或函审由组织者决定。

会议审查时，组织者至少应在会议前一个月将会议通知、国家标准送审稿、“编制说明”及有关附件、“意见汇总处理表”等提交给参加国家标准审查会议的部门、单位和人员。函审时，组织者应在函审表决前两个月将函审通知和上述文件及“函审单”（格式按附件5）提交给参加函审的部门、单位和人员。

第二十一条 会议审查，原则上应协商一致。如需表决，必须有不少于出席会议代表人数的四分之三同意为通过；国家标准的起草人不能参加表决，其所在单位的代表不能超过参加表决者的四分之一。函审时，必须有四分之三回函同意为通过。会议代表出席率及函审回函率不足三分之二时，应重新组织审查。

会议审查，应写出“会议纪要”，并附参加审查会议的单位和人员名单及未参加审查会议的有关部门和单位名单；函审，应写出“函审结论”（格式按附件6），并附“函审单”。

会议纪要应如实反映审查情况，内容包括对本办法第十六条中第（二）至（十）项内容的审查结论。

负责起草单位，应根据审查意见提出国家标准报批稿。

国家标准报批稿和会议纪要应经与会代表通过。

第二十二条 国家标准报批稿由国务院有关行政主管部门或国务院标准化行政主管部门领导与管理的技术委员会，报国家标准审批部门审批。

国家标准报批稿内容应与国家标准审查时审定的内容一致，如对技术内容有改动，应附有说明。报送的文件应有：

（一）报批国家标准的公文一份（格式按附件7）；

（二）国家标准报批稿四份，另附应符合制版要求的插图一份；

（三）“国家标准申报单”（格式按附件8）、“编制说明”及有关附件、“意见汇总处理表”、国家标准审查“会议纪要”或“函审结论”各两份；

（四）如系采用国际标准或国外先进标准制订的国家标准，应有该国际标准或国外先进标准原文（复制件）和译文各一份。

第四章 国家标准的审批、发布

第二十三条 国家标准由国务院标准化行政主管部门统一审批、编号、发布（批文格式按附件9，发布公告格式按附件10），并将批准的国家标准一份退报批部门。其中，药品、兽药国家标准，分别由国务院卫生主管部门、农业主管部门审批、编号、发布；食品卫生、环境保护国家标准，分别由国务院卫生主管部门、环境保护主管部门审批，国务院标准化行政主管部门编号、发布；工程建设国家标准由国务院工程建设主管部门审批，国务院标准化行政主管部门统一编号，国务院标准化行政主管部门和工程建设主管部门联合发布。

第二十四条 制定国家标准过程中形成的有关资料，按标准档案管理规定的要求，进行归档。

第二十五条 国家标准由中国标准出版社出版。药品、兽药和工程建设国家标准的出版，由国家标准的审批部门另行安排。

在国家标准出版过程中，发现内容有疑点或错误时，由标准出版单位及时与负责起草单位联系。如国家标准技术内容需更改时，须经国家标准的审批部门批准。

需要翻译为外文出版的国家标准，其译文由该国家标准的主管部门组织有关单位翻译和审定，并由国家标准的出版单位出版。

第二十六条 国家标准出版后，发现个别技术内容有问题，必须作少量修改或补充时，由负责起草单位提出“国家标准修改通知”（格式按附件11、12），经技术委员会或技术归口单位审核，报该国家标准的主管部门审查同意，备文并附“国家标准修改通知单”一式四份，报国家标准的审批部门批准（批复格式按附件13）；按第二十三条的规定发布。

第五章　国家标准的复审

第二十七条　国家标准实施后，应当根据科学技术的发展和经济建设的需要，由该国家标准的主管部门组织有关单位适时进行复审，复审周期一般不超过五年。

国家标准的复审可采用会议审查或函审。会议审查或函审，一般要有参加过该国家标准审查工作的单位或人员参加。

第二十八条　国家标准复审结果，按下列情况分别处理：

（一）不需要修改的国家标准确认继续有效；确认继续有效的国家标准，不改顺序号和年号。当国家标准重版时，在国家标准封面上、国家标准编号下写明“××××年确认有效”字样。

（二）需作修改的国家标准作为修订项目，列入计划。修订的国家标准顺序号不变，把年号改为修订的年号。

（三）已无存在必要的国家标准，予以废止。

第二十九条　负责国家标准复审的单位，在复审结束后，应写出复审报告，内容包括：复审简况，处理意见，复审结论。经该国家标准的主管部门审查同意，一式四份，报国家标准的审批部门批准，按第二十三条的规定发布。

第三十条　国家标准属科技成果，对技术水平高、取得显著效益的国家标准，应当纳入国家或部门科技进步奖励范围，予以奖励。

第六章　附　　则

第三十一条　本办法由国家技术监督局负责解释。

第三十二条　本办法自公布之日起实施。原国家标准总局1982年2月4日颁发的《关于国家标准的计划编制、制订和复审工作程序的暂行规定》和《关于国家标准修改、补充的暂行办法》、原国家标准局1983年4月2日颁发的《关于报批国家标准工作若干补充要求的通知》和1986年10月15日颁发的《制订工农业产品国家标准工作程序的补充规定（试行）》即行废止。

附件（略）

地方标准管理办法

发布机构：国家技术监督局
发布日期：1990.09.06
生效日期：1990.09.06

第一条 为了加强地方标准的管理，根据《中华人民共和国标准化法》和《中华人民共和国标准化法实施条例》有关规定，制定本办法。

第二条 对没有国家标准和行业标准而又需要在省、自治区、直辖市范围内统一的下列要求，可以制定地方标准（含标准样品的制作）：

（一）工业产品的安全、卫生要求；

（二）药品、兽药、食品卫生、环境保护、节约能源、种子等法律、法规规定的要求；

（三）其他法律、法规规定的要求。

制定地方标准的项目，由省、自治区、直辖市人民政府标准化行政主管部门确定。

第三条 法律、法规规定强制执行的地方标准，为强制性标准；规定非强制执行的地方标准，为推荐性标准。

第四条 地方标准由省、自治区、直辖市标准化行政主管部门统一编制计划、组织制定、审批、编号和发布。

第五条 制定地方标准的工作程序：

（一）省、自治区、直辖市标准化行政主管部门，向同级有关行政主管部门和省辖市（含地区）标准化行政主管部门，部署制定地方标准年度计划的要求，由同级有关行政主管部门和省辖市标准化行政主管部门根据年度计划的要求提出计划建议；省、自治区、直辖市标准化行政主管部门对计划建议进行协调、审查，制定出年度计划。

（二）省、自治区、直辖市标准化行政主管部门，根据制定地方标准的年度计划，组织起草小组或委托同级有关行政主管部门、省辖市标准化行政主管部门负责起草。

（三）负责起草地方标准的单位或起草小组，进行调查研究、综合分析、试验验证后，编写出地方标准征求意见稿与编制说明，经征求意见后编写成标准送审稿。

（四）地方标准送审稿由省、自治区、直辖市标准化行政主管部门组织审查，或委托同级有关行政主管部门、省辖市标准化行政主管部门组织审查。审查工作可由标准化行政主管部门批准建立的标准化技术委员会或组织生产、使用、经销、科研、检验、标准、学术团体等有关单位的专业技术人员进行审查。审查形式可会审，也可以函审。

（五）组织起草地方标准的单位将审查通过的地方标准送审稿，修改成报批稿，连同附件，包括编制说明、审查会议纪要或函审结论、验证材料、参加审查人员名单，报送省、自治区、直辖市标准化行政主管部门审批、编号、发布。

第六条 药品、兽药地方标准的制定、审批、编号、发布，按法律、法规的规定执行；食品卫生和环境保护地方标准，由法律、法规规定的部门制定、审批，报省、自治区、直辖市标准化行政主管部门统一编号、发布。

第七条 地方标准发布后，省、自治区、直辖市标准化行政主管部门在三十日内，应分别向国务院标准化行政主管部门和有关行政主管部门备案。备案材料包括地方标准批文、地方标准文本及编制说明各一份。

第八条 受理备案的部门，当发现备案的地方标准有违反有关法律、法规和强制性标准规定时，由国务院标准化行政主管部门会同国务院有关行政主管部门责成申报备案的部门限期改正或停止实施。

第九条 地方标准的编写、出版，参照国家标准 GB1《标准化工作导则》的规定执行。

第十条 地方标准的代号、编号：

（一）地方标准的代号

汉语拼音字母“DB”加上省、自治区、直辖市行政区划代码前两位数再加斜线，组成强制性地方标准代号。再加“T”，组成推荐性地方标准代号。省、自治区、直辖市代码见附表。

示例：

山西省强制性地方标准代号：DB14/

山西省推荐性地方标准代号：DB14/T

（二）地方标准的编号

地方标准的编号，由地方标准代号、地方标准顺序号和年号三部分组成。

示例1：

DB××/×××-××

年号

标准顺序号

强制性地方标准代号

示例2：

DB××/T×××-××

年号

标准顺序号

推荐性地方标准代号

第十一条 地方标准实施后，应根据科学技术的发展和经济建设的需要，适时进行复审，复审周期一般不超过五年，并确定其继续有效、修订或废止。

第十二条 地方标准的出版、发行办法，由各省、自治区、直辖市标准化行政主管部门规定。

第十三条 地方标准在相应的国家标准或行业标准实施后，即行废止。

第十四条 地方标准属于科技成果，对技术水平高、取得显著效益的地方标准应当纳入当地科技进步奖励范围，予以奖励。

第十五条 本办法由国家技术监督局负责解释。

第十六条 本办法自颁布之日起实施。

附表：

省、自治区、直辖市代码

名称	代码
北京市	110000
天津市	120000
河北省	130000
山西省	140000
内蒙古自治区	150000
辽宁省	210000
吉林省	220000
黑龙江省	230000
上海市	310000
江苏省	320000
浙江省	330000
安徽省	340000
福建省	350000
江西省	360000
山东省	370000
河南省	410000
湖北省	420000
湖南省	430000
广东省	440000
广西壮族自治区	450000
海南省	460000
四川省	510000
贵州省	520000
云南省	530000
西藏自治区	540000
陕西省	610000
甘肃省	620000

青海省	630000
宁夏回族自治区	640000
新疆维吾尔自治区	650000
台湾省	710000

行业标准管理办法

发布机构：国家技术监督局
发布日期：1990. 08. 14
生效日期：1990. 08. 14

第一条 为加强行业标准的管理，确保行业标准的协调、统一，根据《中华人民共和国标准化法》和《中华人民共和国标准化法实施条例》的规定，制定本办法。

第二条 行业标准是对没有国家标准而又需要在全国某个行业范围内统一的技术要求所制定的标准。行业标准不得与有关国家标准相抵触。有关行业标准之间应保持协调、统一，不得重复。

行业标准在相应的国家标准实施后，即行废止。

第三条 需要在行业范围内统一的下列技术要求，可以制定行业标准（含标准样品的制作）：

（一）技术术语、符号、代号（含代码）、文件格式、制图方法等通用技术语言；

（二）工、农业产品的品种、规格、性能参数、质量指标、试验方法以及安全、卫生要求；

（三）工、农业产品的设计、生产、检验、包装、储存、运输、使用、维修方法以及生产、储存、运输过程中的安全、卫生要求；

（四）通用零部件的技术要求；

（五）产品结构要素和互换配合要求；

（六）工程建设的勘察、规划、设计、施工及验收的技术要求和方法；

（七）信息、能源、资源、交通运输的技术要求及其管理技术等要求。

第四条 行业标准分为强制性标准和推荐性标准。

下列标准属于强制性行业标准：

（一）药品行业标准、兽药行业标准、农药行业标准、食品卫生行业标准；

（二）工农业产品及产品生产、储运和使用中的安全、卫生行业标准；

（三）工程建设的质量、安全、卫生行业标准；

（四）重要的涉及技术衔接的技术术语、符号、代号（含代码）、文件格式和制图方法行业标准；

（五）互换配合行业标准；

（六）行业范围内需要控制的产品通用试验方法、检验方法和重要的工农业产品行业标准。

其他行业标准是推荐性行业标准。

第五条　产品质量行业标准，凡需要而又可能分等分级的，应作出合理的分等分级规定。

第六条　行业标准由行业标准归口部门统一管理。行业标准的归口部门及其所管理的行业标准范围，由国务院有关行政主管部门提出申请报告，国务院标准化行政主管部门审查确定，并公布该行业的行业标准代号。

第七条　行业标准归口部门在制定行业标准计划时，必须与有关行政主管部门进行协调，以建立科学、合理的标准体系。

第八条　在制定行业标准工作中，行业标准归口部门履行下列职责：

（一）制定本行业的行业标准计划；

（二）负责协调有关行政主管部门行业标准项目的分工；

（三）组织制定本行业的行业标准；

（四）统一审批、编号、发布本行业的行业标准；

（五）办理行业标准的备案；

（六）组织本行业行业标准的复审工作。

第九条　全国专业标准化技术委员会或专业标准化技术归口单位负责提出本行业标准计划的建议，组织本行业标准的起草及审查等工作。

全国专业标准化技术委员会或专业标准化技术归口单位提出的行业标准计划建议，经行业标准归口部门与有关行政主管部门进行协调、分工后，由各有关行政主管部门分别下达实施。

第十条　制定行业标准应当发挥行业协会、科学研究机构和学术团体的作用。制定标准的部门应当吸收其参加标准起草和审查工作。

第十一条 行业标准的计划，应当由行业标准归口部门抄报国务院标准化行政主管部门，一式二份。

第十二条 按行业标准计划的安排，行业标准负责起草单位提出行业标准征求意见稿，经征求各有关方面意见后修改为送审稿，送全国专业标准化技术委员会或专业标准化技术归口单位。

第十三条 行业标准送审稿，由全国专业标准化技术委员会或由行业标准归口部门委托的专业标准化技术归口单位组织审查。

由全国专业标准化技术委员会组织审查时，按《全国专业标准化技术委员会章程》的规定进行。

由专业标准化技术归口单位组织审查时，参加审查的人员，应有生产、使用、经销、科研和高等院校等单位的有关专家。其中，使用方面的人员不应少于四分之一。

行业标准审查可采用会议审查或函审。会议审查时应进行充分讨论，尽量取得一致意见。需要表决时，必须有不少于出席会议代表人数的四分之三同意为通过。函审时，必须有四分之三的回函同意为通过。会议审查结果应写出会议纪要。会议纪要应如实反映各方面的意见。函审时应写出“函审结论”（格式按附件 2）并附有“函审单”（格式按附件 3）。会议代表的出席率和函审单的回函率应不低于三分之二。

行业标准送审时，应附有“标准送审稿”、“标准编制说明”、“意见汇总处理表”（格式按附件 1）及其他有关附件。

第十四条 行业标准由行业标准归口部门审批、编号、发布。

行业标准报批时，应有“标准报批稿”、“标准编制说明”、“标准审查会议纪要”或“函审结论”及其“函审单”、“意见汇总处理表”和其他有关附件。采用国际标准或国外先进标准时，应附有该标准的原文或译文。

行业标准的审批必须尊重“审查会议纪要”或“函审结论”。对报批稿进行修改应有充分科学论据，并征求全国专业标准化技术委员会或专业标准化技术归口单位的意见。对报批稿有重大修改时，应进行重新审查。

确定行业标准的强制性或推荐性，应由全国专业标准化技术委员会或专业标准化技术归口单位提出意见，由行业标准归口部门审定。

第十五条 行业标准实施后，应根据科学技术的发展和经济建设的需要适时进行复审；复审周期一般不超过五年，确定其继续有效、修订或废止。

行业标准的复审工作由行业标准归口部门组织全国专业标准化技术委员会或专业标准化技术归口单位进行。

行业标准的复审也可采用会议审查或函审。复审时一般要有参加过该标准审查工作的单位和人员参加。

标准复审后，应提出“复审报告”，报送行业标准归口部门审批。

第十六条 行业标准代号由国务院标准化行政主管部门规定。

行业标准的编号由行业标准代号、标准顺序号及年号组成。

（一）强制性行业标准编号

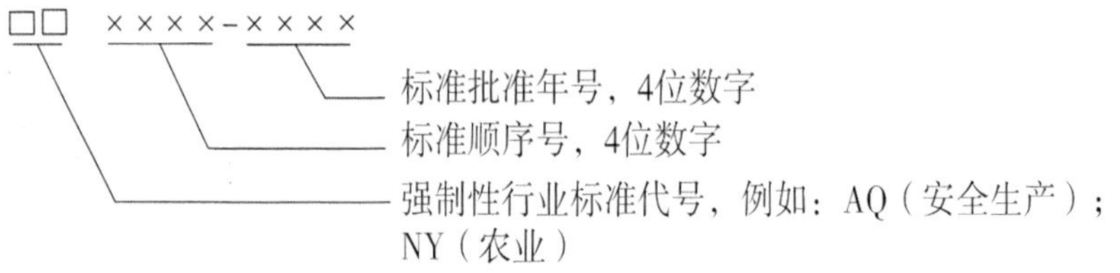

例如：**NY5199－2002**（有机茶产地环境条件）

（二）推荐性行业标准编号

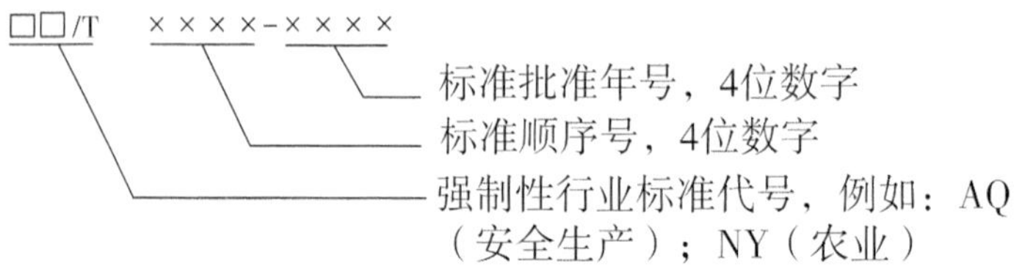

例如：**BB/T0002－1994**（双向拉伸聚丙烯珠光薄膜）

第十七条 行业标准归口部门应在行业标准发布后三十日内，将已发布的行业标准及编制说明连同发布文件各一份，送国务院标准化行政主管部门备案。

备案的行业标准如违反国家有关法律、法规和强制性国家标准，国务院标准化行政主管部门责成行业标准归口部门限期改正或停止实施。

第十八条 编写行业标准应符合国家标准GB1《标准化工作导则》的规定。行业标准的出版，由行业标准归口部门确定。

行业标准出版后的正式文本，应送国务院标准化行政主管部门一式五份。

第十九条 行业标准属科技成果，对技术水平高取得显著效益的行业标准，应纳入国家或国务院有关行政主管部门科技进步奖励范围，予以奖励。

第二十条 本办法由国家技术监督局负责解释。

第二十一条 本办法自发布之日起实施。一九八四年三月二十一日原国家标准局颁发的《专业标准管理办法（试行）》即行废止。

附件 1

意见汇总处理表

共　页第　页

标准名称：　　　负责起草单位：　　　承办人：　电话：　年　月　日　编写

序号	标准章条编号	意见内容	提出单位	处理意见	备注

说明：①发送“征求意见稿”的单位数：　　个。
②收到“征求意见稿”后，回函的单位数：　　个。
③收到“征求意见稿”后，回函并有建议或意见的单位数：　　个。
④没有回函的单位数：　　个。
（注：上述说明附在最后一页下面）

附件2

行业标准送审稿函审结论表

<table>
<tr><td>标准名称</td><td colspan="3"></td></tr>
<tr><td>起草单位</td><td></td><td>组织函审单位</td><td></td></tr>
<tr><td rowspan="2">函审时间</td><td>发出日期</td><td colspan="2"></td></tr>
<tr><td>投票截止日期</td><td colspan="2"></td></tr>
<tr><td colspan="4">回函情况：
函审表决单总数：
赞成：共　　个单位
赞成，但有建议或意见：共　　个单位
不赞成，如采纳建议或意见改为赞成：共　　个单位
弃权：共　　个单位
不赞成：共　　个单位
未复函：共　　个单位</td></tr>
<tr><td colspan="4">函审结论：</td></tr>
<tr><td colspan="2">起草单位技术负责人：
（签名、盖公章）

年　　月　　日</td><td colspan="2">组织函审单位技术负责人：
（签名、盖公章）

年　　月　　日</td></tr>
</table>

附件3

行业标准送审稿函审单

标准名称：

起草单位：

函审表决单总数：　　　　　　　本单编号：

发出日期：　　年　　月　　日

投票截止日期：　　年　　月

表决态度：

赞成	□
赞成，但有建议或意见	□
不赞成，如采纳建议或意见改为赞成	□
弃权	□
不赞成	□

建议或意见理由如下：

审查单位（盖公章）　　　　　　　　　　　　技术负责人（签名）

年　　月　　日　　　　　　　　　　　　　　年　　月　　日

说明：

①表决方式是在选定的方框内划"√"的符号，只可划一次，划选两个框以上者按废票处理（废票不计数）。

②回函说明提不出意见的单位按赞成票计；没有回函说明理由的，按弃权票处理。

③回函日期，以邮戳为准。

④建议或意见和理由栏，幅面不够可另附纸。

审查单位承办人：　　　　　　　　　　　　电话：

中国标准创新贡献奖管理办法

发布机构：国家标准化管理委员会
发布日期：2009. 09. 14
生效日期：2009. 09. 14

第一章　总　　则

第一条　为调动全国标准化工作者的积极性和创造性，奖励标准项目实施后对经济社会发展做出的重要贡献，促进标准化事业健康发展，制定本办法。

第二条　中国标准创新贡献奖由国家质量监督检验检疫总局和国家标准化管理委员会共同设立。

第三条　中国标准创新贡献奖的申报、推荐、评审、授奖坚持公开、公平、公正的原则，在奖励活动中不收取任何费用。

第二章　组织机构

第四条　中国标准创新贡献奖由国家标准化管理委员会负责组织实施。

第五条　国家标准化管理委员会聘请国内标准化等领域科学家、专家组成中国标准创新贡献奖评审委员会，依照本办法的规定，负责中国标准创新贡献奖的技术评审工作。

第六条　评审委员会下设若干专业评审组，由相关领域的标准化专家组成，负责相关领域中国标准创新贡献奖备选项目的专业评审工作。

第七条　国家标准化管理委员会设中国标准创新贡献奖奖励办公室，承担申报材料接收、申报项目形式审查、异议处理、申报系统维护等日常工作。奖励办公室设在中国标准化研究院。

第三章 奖励范围和评审标准

第八条 中国标准创新贡献奖的奖励范围包括：

（一）实施2年以上（含2年）的国家标准项目；

（二）实施2年以上（含2年）且已报国家标准化管理委员会备案的行业标准项目；

（三）实施2年以上（含2年）且已报国家标准化管理委员会和国务院有关行政主管部门备案的地方标准项目；

（四）实施2年以上（含2年）并按有关规定备案的企业标准项目；

（五）由我国主导起草，国际标准组织（国际标准化组织/ISO、国际电工委员会/IEC、国际电信联盟/ITU或由ISO确认并公布的其他国际组织）发布2年以上（含2年）的国际标准项目。

具有重大创新性或经济社会效益显著，且实施1年以上（含1年）的国家标准、行业标准、地方标准、企业标准，以及由我国主导起草、国际标准组织发布1年以上（含1年）的国际标准项目，也可以纳入中国标准创新贡献奖的奖励范围。

第九条 中国标准创新贡献奖设一等奖、二等奖、三等奖3个等级，每年获一等奖的项目原则上不超过10个，二等奖不超过25个，三等奖不超过50个。各等级奖项具体评审标准如下：

（一）一等奖：标准项目所包含主要内容的技术水平达到或接近国际先进水平，创新性突出，标准实施后取得重大的经济效益或社会效益，对促进我国国民经济和社会发展有重大作用，企业标准项目应当具有一定数量的发明专利；

（二）二等奖：标准项目所包含主要内容的技术水平达到国际水平，创新性明显，标准实施后取得显著的经济效益或社会效益，对促进我国国民经济和社会发展有很大作用，企业标准项目应当具有发明专利；

（三）三等奖：标准项目所包含主要内容的技术水平达到国内先进水平，创新性比较明显，标准实施后取得较大的经济效益或社会效益，对促进我国国民经济和社会发展有较大作用。

第四章　申报和推荐

第十条　中华人民共和国境内依法设立并承担标准主要起草工作的法人及其他社会组织可以申报中国标准创新贡献奖。

第十一条　申报单位应当确保提供的申报材料真实、可靠。

多个单位共同完成的标准项目，由第一起草单位负责组织申报。

申报材料中标准的主要起草单位和起草人应当与标准文本中一致，并按实际贡献大小排序。

第十二条　中国标准创新贡献奖实行限额推荐。推荐单位包括：

（一）国务院有关行政主管部门、行业协会、集团公司；

（二）各省、自治区、直辖市标准化行政主管部门；

（三）国家标准化管理委员会直接管理的全国专业标准化技术委员会。

第十三条　推荐单位应当对申报项目材料进行审查，并对拟推荐的标准项目提出具体推荐意见和授奖等级建议。

同一申报项目不得通过 2 个或 2 个以上单位推荐，同一标准项目已获得其他奖励的，不得申报本奖项。

第五章　评　　审

第十四条　中国标准创新贡献奖原则上每年评审一次。

第十五条　中国标准创新贡献奖评审程序包括：

（一）形式审查：奖励办公室负责对推荐项目的申报书及相关材料进行形式审查；

（二）专业评审：专业评审组对通过形式审查的项目进行专业评审，并向评审委员会推荐获奖项目及奖励等级。获得专业评审组推荐的项目须有三分之二以上到会专业评审组专家的同意；

（三）最终评审：评审委员会对专业评审组通过的项目进行最终评审，并向国家标准化管理委员会推荐拟获奖项目及等级。获得评审委员会推荐的拟获奖项目须有三分之二以上到会评审委员会委员的同意；

（四）公示：中国标准创新贡献奖评审工作及评审结果接受社会的监督，拟获奖项目在网上公开征求社会意见，征求意见时间为 30 天。

第十六条 中国标准创新贡献奖评审工作实行以下回避制度：

（一）凡通过形式审查的标准项目的起草人，不得参加该项目的评审工作；

（二）与标准项目的起草单位属于同一法人单位的评审专家，不得参加该项目的评审工作；

（三）存在其他可能影响评审工作公正性的有关评审专家，不得参加相关项目的评审工作。

第六章 异议处理

第十七条 中国标准创新贡献奖评审结果自公示之日起30天为异议期。在异议期内，任何单位和个人对拟奖励项目持有异议的，可以在异议期内向奖励办公室提出，逾期不予受理。

第十八条 提出异议的单位或者个人应当提供书面异议材料，并提供必要的证明文件。

提出异议的单位、个人应当表明真实身份。个人提出异议的，应当在书面异议材料上签署真实姓名；以单位名义提出异议的，应当加盖本单位公章。

第十九条 异议由奖励办公室负责联系处理，项目推荐单位应当予以协助。

第二十条 推荐单位应当在规定的时间内核实异议材料，并将核实的情况和处理意见报送奖励办公室审核。对重大问题，奖励办公室可以组织相关专家进行研究，并将研究结果提交评审委员会，由评审委员会提出处理意见。

第二十一条 国家标准化管理委员会根据评审委员会或推荐单位提出的处理意见对异议作出决定。

第二十二条 推荐单位在规定的时间内未对异议项目提出调查、核实报告或协调处理意见的，取消该项目的本年度获奖资格。

第二十三条 异议应当于公示期截止之日起30天内处理完毕。

第七章 授 奖

第二十四条 中国标准创新贡献奖获奖项目由国家质量监督检验检疫总局和国家标准化管理委员会公布，并给予一定的奖励。

第二十五条 中国标准创新贡献奖单项授奖人数和授奖单位实行限额。一等奖单项授奖人数不超过 10 人，单位不超过 7 个；二等奖单项授奖人数不超过 8 人，单位不超过 5 个；三等奖单项授奖人数不超过 6 人，单位不超过 3 个。

第八章 工作纪律

第二十六条 申报单位提供虚假数据、材料的，取消其本年度和下一年度参评资格。

申报单位以不正当手段获得授奖的，撤销其奖励，同时取消其 3 年的参评资格。

第二十七条 推荐单位提供虚假数据、材料的，视其严重程度，暂停或取消其推荐资格。

第二十八条 参与评审活动的有关人员在评审过程中弄虚作假、徇私舞弊的，及时终止其参与评审活动。

第九章 附 则

第二十九条 本办法由国家标准化管理委员会负责解释。

第三十条 本办法自发布之日起施行。

国家标准化指导性技术文件管理规定

发布机构：国家质量技术监督局
发布日期：1998. 12. 24
生效日期：1998. 12. 24

第一条 为了使我国标准化工作适应社会主义市场经济发展的需要，有利于国际交流，规范国家标准化指导性技术文件（以下简称“指导性技术文件”）的管理工作，特制定本规定。

第二条 指导性技术文件，是为仍处于技术发展过程中（如变化快的技术领域）的标准化工作提供指南或信息，供科研、设计、生产、使用和管理等有关人员参考使用而制定的标准文件。

第三条 符合下列情况之一的项目，可制定指导性技术文件：

（一）技术尚在发展中，需要有相应的标准文件引导其发展或具有标准化价值，尚不能制定为标准的项目；

（二）采用国际标准化组织、国际电工委员会及其他国际组织（包括区域性国际组织）的技术报告的项目。

第四条 指导性技术文件不宜由标准引用使其具有强制性或行政约束力。

第五条 国务院标准化行政主管部门统一负责指导性技术文件的管理工作。

指导性技术文件由国务院标准化行政主管部门编制计划，组织草拟，统一审批、编号、发布。

第六条 指导性技术文件的代号由大写汉语拼音字母“GB/Z”构成。

指导性技术文件的编号，由指导性技术文件的代号、顺序号和年号（即发布年份的四位数字）构成：

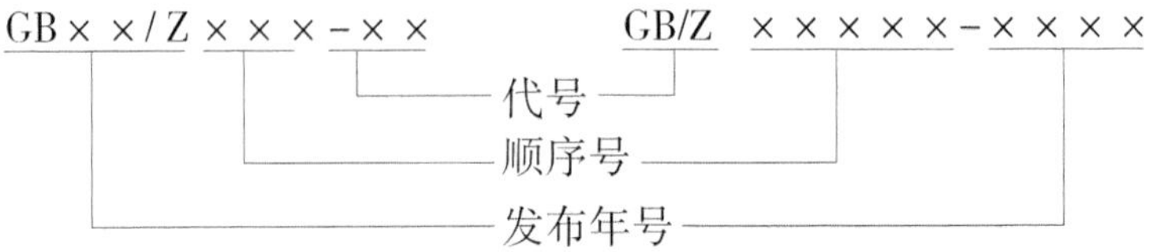

第七条 指导性技术文件的制定，按《国家标准管理办法》和GB/T16733《国家标准制定程序的阶段划分及代码》的有关规定办理。

指导性技术文件项目列入《国家标准制、修订项目计划》，并在《国家标准制、修订项目计划》及其他有关文件中，用“GB/Z”注明。

第八条 指导性技术文件的编写，参照GB/T1《标准化工作导则》系列国家标准的规定。其中：

（一）指导性技术文件中，凡提及“指导性技术文件”自身时，采用“本指导性技术文件”的方式叙述。

（二）指导性技术文件的前言中，还应当说明需要制定本指导性技术文件的理由，采用国际标准化组织、国际电工委员会或其他国际组织的技术报告的编号和名称及其采用程度。同时注明：

“本指导性技术文件仅供参考。有关对本指导性技术文件的建议和意见，向国务院标准化行政主管部门反映。”

第九条 指导性技术文件的印刷格式，比照GB/T1.2《标准化工作导则第1单元：标准的起草与表述规则 第2部分：标准出版印刷的规定》，将封面和首页上的“中华人民共和国国家标准”改为“中华人民共和国国家标准化指导性技术文件”，将国家标准的编号改为指导性技术文件的编号，取消实施日期，其他各处作相应改动。

指导性技术文件的出版单位由国务院标准化行政主管部门确定。

第十条 指导性技术文件的复审程序，按照《国家标准管理办法》的规定。指导性技术文件发布后三年内必须复审，以决定是否继续有效、转化为国家标准或撤销。

指导性技术文件转化为国家标准，应当在国家标准的前言中予以说明。

第十一条 指导性技术文件属科技成果，按《标准化科学技术进步奖励办法》的规定，参与科技成果奖的评定。

第十二条 本办法由国家技术监督局负责解释。

第十三条 本办法自发布之日起施行。

国家实物标准暂行管理办法

发布机构：国家标准局
发布日期：1986.01.02
生效日期：1986.01.02

第一条 为了加强对国家实物标准（或称标准样品，简称标样）的管理，提高实物标准的质量，保证文字标准的实施和制订，更好地满足国民经济和国防建设的需要，特制订本办法。

第二条 本办法适用于与文字标准有关的以实物形态出现的国家实物标准。

第三条 国家实物标准要根据实施和制定文字标准的需要研制，必须组成均匀，性能稳定并能批量供应。

第四条 国家实物标准的承制单位，由主管部门或全国实物标准委员会向国家标准局推荐，国家标准局审查批准。

第五条 国家实物标准承制单位，应根据国家标准局和主管部门的统一规划和供需情况组织生产和供应。

第六条 国家实物标准的鉴定和定值，由国家标准局和主管部门授权的有关单位或全国实物标准委员会负责。

第七条 鉴定和定值后的国家实物标准，由承制单位报主管部门或全国实物标准委员会审核同意后，报国家标准局发布。报批时应提交下列资料：

1. 实物标准研制报告；
2. 实物标准质量鉴定定值报告；
3. 国内外同种实物标准主要特性参数对照表；
4. 实物标准的物理状态、规格、数量、包装、成本、价格；
5. 实物标准说明书；
6. 实物标准 3 套。

第八条 国家实物标准，由国家标准局统一编号，并发给质量合格证书。

国家实物标准的编号方法为国家实物标准代号“GSB”加《标准文献分类法》的一级类目、二级类目的代号与二级类目范围内的顺序号、年代号相结合的办法：

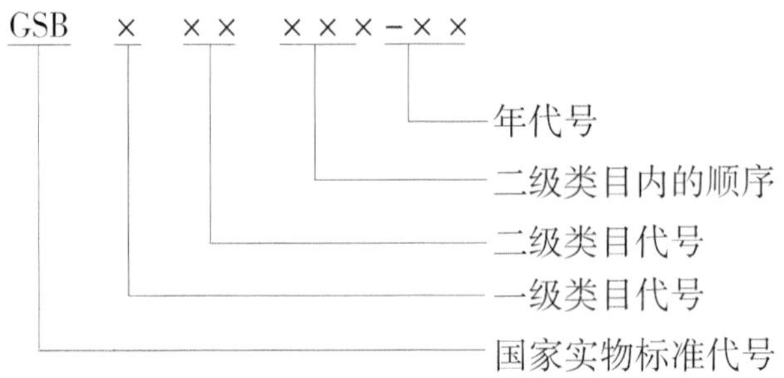

第九条 国家实物标准应规定有效使用日期。逾期的实物标准须经复验后予以确认或废除。

第十条 国家实物标准的质量监督由国家标准局授权的单位负责。国家实物标准的复验由国家标准局和主管部门授权的单位负责。

第十一条 对国家实物标准的定值有异议的单位，可向主管部门或全国实物标准委员会提出复验要求，必要时由国家标准局组织有关单位进行仲裁检验。

第十二条 国家实物标准由批准的承制单位和主管部门，省、直辖市、自治区标准（标准计量）局指定的单位发放。任何单位和个人不得假冒国家实物标准进行销售和倒卖。

第十三条 本办法由国家标准局负责解释。

第十四条 本办法自公布之日起实施。

标准档案管理办法

发布机构：国家技术监督局
发布日期：1991. 10. 28
生效日期：1991. 10. 28

第一条 为了加强标准档案管理，充分发挥档案的作用，根据《中华人民共和国档案法》及其实施办法和有关标准管理的规定，制定本办法。

第二条 标准档案系指在制定、修订标准过程中，直接形成的具有保存价值的各种文件、材料（包括图表、文字材料、计算材料、音像制品和标样等）。

标准档案是国家档案的重要组成部分。

第三条 标准的制定部门和单位应当建立健全标准档案管理工作制度，达到标准档案完整、准确、安全和有效利用的要求。有计划地采用先进技术，实现标准档案管理的现代化。

第四条 标准档案按保管期限，分为永久的和长期的两种。

下列文件材料需要永久保管：

（一）上级下达任务的文件；

（二）标准报批稿；

（三）标准编制说明及其附件；

（四）意见汇总处理表；

（五）标准审查会议纪要或函审结论；

（六）标准报批公文；

（七）标准申报单；

（八）标准发布本；

（九）标准正式出版本；

（十）标准修改通知单及其附件；

（十一）标准作废通知单。

下列文件材料需要长期保管：

（一）论证报告；

（二）调研报告；

（三）试验验证报告；

（四）标准征求意见稿（最后一稿）；

（五）标准送审稿；

（六）等同、等效采用的国际标准或国外先进标准原文或译文，主要参考资料（只归难得的，一般的只列目录和出处）；

（七）标样。

第五条 永久保管的，按国家档案管理部门的规定办理；长期保管的，应当是现行的和最近两次修订的标准的档案。属长期保管的废止标准档案，继续保管十年。标样在保管期限内已经失效的，按保管到期的规定处理。

第六条 国务院标准化行政主管部门负责管理国家标准档案。工程建设、药品、食品卫生、兽药和环境保护国家标准档案，分别由国务院工程建设主管部门、卫生主管部门、农业主管部门、环境保护主管部门负责管理。

国务院行业标准归口部门负责管理其主管范围内的行业标准档案。

省、自治区、直辖市标准化行政主管部门负责管理本行政区域内的地方标准档案。

企业单位负责管理本单位的企业标准档案。

第七条 本办法所列部门和单位的档案管理机构或人员，具体负责标准档案管理工作。其职责：

（一）收集、整理、立卷、归档、统计、保管和提供利用标准档案；

（二）编制目录、索引、卡片等查询工具和参考材料；

（三）负责组织和承担标准档案的鉴定和销毁；

（四）监督检查标准档案的修改、补充和复制；

（五）按档案行政管理部门的要求，办理永久的标准档案的移交手续；

（六）认真执行档案管理制度。

第八条 标准档案由标准起草单位负责收集有关材料并加以整理，向相应的标准档案管理部门或单位负责提供。

第九条 标准起草单位、标准化技术委员会秘书单位或标准化技术归口单位以及参与制定、修订标准的其他单位，在制定、修订标准工作中所积累的标准文件材料，交本单位档案管理机构按长期保管的要求管理。

第十条 标准档案的文件材料，除标准正式文本外，在标准审批、发布后三个月内，由审批部门或单位的主办人员按规定向档案管理机构一次归档。标准正式文本出版后，及时补充归档。

第十一条 标准档案的文件材料，由审批部门或单位的主办人员负责整理，标准档案管理人员负责立卷、登记、上架。

标准文件材料归档时，标准档案管理人员应当检查、核对；对不符合要求的，由审批部门或单位的主办人员补充、更正。

第十二条 标准更改或废止后，由审批部门或单位的主办人员负责将更改单或废止单的原稿、出版稿和审批文件及时归档。

第十三条 标准文件材料的立卷、归档，按“GB/T11182－89 科学技术档案构成的一般要求”执行，并应当符合下列要求：

（一）各类标准文件材料一般归档一份，使用频繁的各种报告、标准草案各稿、正式版本以及意见汇总处理表可以归档两份。

（二）归档的标准文件材料是原稿或打印稿、复印稿。

（三）永久保管和长期保管的标准档案分别装订立卷。

（四）标准文件材料的幅面大于 A4（210×297mm）的，按 A4 幅面折叠；小于 A4 的，粘贴在 A4 幅面的纸上，并留出装订线。

第十四条 保管标准档案，应当有档案柜和库房，并有防火、防潮、防晒、防虫鼠、防尘、防盗等安全措施。

第十五条 保管标准档案，要建立定期检查制度。一般每两年检查一次，如有破损或变质的档案应当及时修补或复制。

第十六条 管理标准档案的机构，应当建立健全标准档案借阅制度。

标准档案一般不外借。特殊情况需要外借时，应当经主管领导批准，并限期归还。

第十七条 任何个人不得将标准档案占为私有，凡损坏、隐匿、丢失或泄密的，应当追究有关人员的责任。

第十八条 对标准档案的保存价值，应当定期进行鉴定。鉴定工作在有单位主管领导、标准化人员和标准档案管理人员参加下进行。

对已经超过保管期、失去保存价值的标准档案，应当编造清册，经主管领导签字后销毁，并注明销毁时间和处所，由监销人员签字后，将清册归档。

第十九条 对标准档案工作做出显著成绩的人员，应当给予奖励，按《中华人民共和国档案法实施办法》第二十七条规定执行。

违反有关档案管理规定，给标准档案工作造成损失的，按《中华人民共和国档案法实施办法》第二十八条、第二十九条、第三十条、第三十一条的规定处理。

第二十条 本办法由国家技术监督局负责解释。

第二十一条 本办法自发布之日起施行。

国家标准委 国家知识产权局关于发布《国家标准涉及专利的管理规定（暂行）》的公告

为规范国家标准管理工作，鼓励创新和技术进步，促进国家标准合理采用新技术，保护社会公众和专利权人及相关权利人的合法权益，保障国家标准的有效实施，依据《中华人民共和国标准化法》、《中华人民共和国专利法》和《国家标准管理办法》等相关法律法规和规章，国家标准化管理委员会、国家知识产权局制定了《国家标准涉及专利的管理规定（暂行）》。现予发布，自2014年1月1日起施行。

国家标准化管理委员会 国家知识产权局

2013年12月19日

国家标准涉及专利的管理规定（暂行）

第一章 总 则

第一条 为规范国家标准管理工作，鼓励创新和技术进步，促进国家标准合理采用新技术，保护社会公众和专利权人及相关权利人的合法权益，保障国家标准的有效实施，依据《中华人民共和国标准化法》、《中华人民共和国专利法》和《国家标准管理办法》等相关法律法规和规章制定本规定。

第二条 本规定适用于在制修订和实施国家标准过程中对国家标准涉及专利问题的处置。

第三条 本规定所称专利包括有效的专利和专利申请。

第四条 国家标准中涉及的专利应当是必要专利，即实施该项标准必不可少的专利。

第二章 专利信息的披露

第五条 在国家标准制修订的任何阶段，参与标准制修订的组织或者个人应当尽早向相关全国专业标准化技术委员会或者归口单位披露其拥有和知悉的必要专利，同时提供有关专利信息及相应证明材料，并对所提供证明材料的真实性负责。参与标准制定的组织或者个人未按要求披露其拥有的专利，违反诚实信用原则的，应当承担相应的法律责任。

第六条 鼓励没有参与国家标准制修订的组织或者个人在标准制修订的任何阶段披露其拥有和知悉的必要专利，同时将有关专利信息及相应证明材料提交给相关全国专业标准化技术委员会或者归口单位，并对所提供证明材料的真实性负责。

第七条 全国专业标准化技术委员会或者归口单位应当将其获得的专利信息尽早报送国家标准化管理委员会。

第八条 国家标准化管理委员会应当在涉及专利或者可能涉及专利的国家标准批准发布前，对标准草案全文和已知的专利信息进行公示，公示期为30天。任何组织或者个人可以将其知悉的其他专利信息书面通知国家标准化管理委员会。

第三章 专利实施许可

第九条 国家标准在制修订过程中涉及专利的，全国专业标准化技术委员会或者归口单位应当及时要求专利权人或者专利申请人作出专利实施许可声明。该声明应当由专利权人或者专利申请人在以下三项内容中选择一项：

（一）专利权人或者专利申请人同意在公平、合理、无歧视基础上，免费许可任何组织或者个人在实施该国家标准时实施其专利；

（二）专利权人或者专利申请人同意在公平、合理、无歧视基础上，收费许可任何组织或者个人在实施该国家标准时实施其专利；

（三）专利权人或者专利申请人不同意按照以上两种方式进行专利实施许可。

第十条 除强制性国家标准外，未获得专利权人或者专利申请人根据第九条第一项或者第二项规定作出的专利实施许可声明的，国家标准不得包括基于该专利的条款。

第十一条 涉及专利的国家标准草案报批时，全国专业标准化技术委员会或者归口单位应当同时向国家标准化管理委员会提交专利信息、证明材料和专利实施许可声明。除强制性国家标准外，涉及专利但未获得专利权人或者专利申请人根据第九条第一项或者第二项规定作出的专利实施许可声明的，国家标准草案不予批准发布。

第十二条 国家标准发布后，发现标准涉及专利但没有专利实施许可声明的，国家标准化管理委员会应当责成全国专业标准化技术委员会或者归口单位在规定时间内获得专利权人或者专利申请人作出的专利实施许可声明，并提交国家标准化管理委员会。除强制性国家标准外，未能在规定时间内获得专利权人或者专利申请人根据第九条第一项或者第二项规定作出的专利实施许可声明的，国家标准化管理委员会可以视情况暂停实施该国家标准，并责成相应的全国专业标准化技术委员会或者归口单位修订该标准。

第十三条 对于已经向全国专业标准化技术委员会或者归口单位提交实施许可声明的专利，专利权人或者专利申请人转让或者转移该专利时，应当事先告知受让人该专利实施许可声明的内容，并保证受让人同意受该专利实施许可声明的约束。

第四章　强制性国家标准涉及专利的特殊规定

第十四条 强制性国家标准一般不涉及专利。

第十五条 强制性国家标准确有必要涉及专利，且专利权人或者专利申请人拒绝作出第九条第一项或者第二项规定的专利实施许可声明的，应当由国家标准化管理委员会、国家知识产权局及相关部门和专利权人或者专利申请人协商专利处置办法。

第十六条 涉及专利或者可能涉及专利的强制性国家标准批准发布前，国家标准化管理委员会应当对标准草案全文和已知的专利信息进行公示，公示期为30天；依申请，公示期可以延长至60天。任何组织或者个人可以将其知悉的其他专利信息书面通知国家标准化管理委员会。

第五章 附　　则

第十七条 国家标准中所涉及专利的实施许可及许可使用费问题，由标准使用人与专利权人或者专利申请人依据专利权人或者专利申请人作出的专利实施许可声明协商处理。

第十八条 等同采用国际标准化组织（ISO）和国际电工委员会（IEC）的国际标准制修订的国家标准，该国际标准中所涉及专利的实施许可声明同样适用于国家标准。

第十九条 在制修订国家标准过程中引用涉及专利的标准的，应当按照本规定第三章的规定重新要求专利权人或者专利申请人作出专利实施许可声明。

第二十条 制修订国家标准涉及专利的，专利信息披露和专利实施许可声明的具体程序依据《标准制定的特殊程序第1部分：涉及专利的标准》国家标准中有关规定执行。

第二十一条 国家标准文本有关专利信息的编写要求按照《标准化工作导则》国家标准中有关规定执行。

第二十二条 制修订行业标准和地方标准中涉及专利的，可以参照适用本规定。

第二十三条 本规定由国家标准化管理委员会和国家知识产权局负责解释。

第二十四条 本规定自2014年1月1日起施行。

采用国际标准管理办法

发布机构：国家质量监督检验检疫总局
发布日期：2001.12.04
生效日期：2001.12.04

第一章 总 则

第一条 为了发展社会主义市场经济、减少技术性贸易壁垒和适应国际贸易的需要，提高我国产品质量和技术水平，促进采用国际标准工作的发展，依据《中华人民共和国标准化法》及其实施条例，参照世界贸易组织和国际标准化组织的有关规定，并结合我国的实际情况，制定本办法。

第二条 采用国际标准是指将国际标准的内容，经过分析研究和试验验证，等同或修改转化为我国标准（包括国家标准、行业标准、地方标准和企业标准。下同），并按我国标准审批发布程序审批发布。

第三条 国际标准是指国际标准化组织（ISO）、国际电工委员会（IEC）和国际电信联盟（ITU）制定的标准，以及国际标准化组织确认并公布的其他国际组织制定的标准。

第二章 采用国际标准的原则

第四条 采用国际标准，应当符合我国有关法律、法规，遵循国际惯例，做到技术先进、经济合理、安全可靠。

第五条 制定（包括修订，下同）我国标准应当以相应国际标准（包括即将制定完成的国际标准）为基础。

对于国际标准中通用的基础性标准、试验方法标准应当优先采用。

采用国际标准中的安全标准、卫生标准、环保标准制定我国标准，应当以保障国家安全、防止欺骗、保护人体健康和人身财产安全、保护动植物的生命和健康、保护环境为正当目标；除非这些国际标准由于基本气候、地理因素或者基本的技术问题等原因而对我国无效或者不适用。

第六条 采用国际标准时，应当尽可能等同采用国际标准。由于基本气候、地理因素或者基本的技术问题等原因对国际标准进行修改时，应当将与国际标准的差异控制在合理的、必要的并且是最小的范围之内。

第七条 我国的一个标准应当尽可能采用一个国际标准。当我国一个标准必须采用几个国际标准时，应当说明该标准与所采用的国际标准的对应关系。

第八条 采用国际标准制定我国标准，应当尽可能与相应国际标准的制定同步，并可以采用标准制定的快速程序。

第九条 采用国际标准，应当同我国的技术引进、企业的技术改造、新产品开发、老产品改进相结合。

第十条 采用国际标准的我国标准的制定、审批、编号、发布、出版、组织实施和监督，同我国其他标准一样，按我国有关法律、法规和规章规定执行。

第十一条 企业为了提高产品质量和技术水平，提高产品在国际市场上的竞争力，对于贸易需要的产品标准，如果没有相应的国际标准或者国际标准不适用时，可以采用国外先进标准。

第三章 采用国际标准程度和编写方法

第十二条 我国标准采用国际标准的程度，分为等同采用和修改采用。

等同采用，指与国际标准在技术内容和文本结构上相同，或者与国际标准在技术内容上相同，只存在少量编辑性修改。

修改采用，指与国际标准之间存在技术性差异，并清楚地标明这些差异以及解释其产生的原因，允许包含编辑性修改。修改采用不包括只保留国际标准中少量或者不重要的条款的情况。修改采用时，我国标准与国际标准在文本结构上应当对应，只有在不影响与国际标准的内容和文本结构进行比较的情况下才允许改变文本结构。

第十三条 我国标准采用国际标准的程度代号为：

IDT：等同采用（identical）；

MOD：修改采用（modified）。

根据国际标准制定的我国标准应当在封面标明和前言中叙述该国际标准的编号、名称和采用程度；在标准中引用采用国际标准的我国标准，应当在“规范性引用文件”一章中标明对应的国际标准编号和采用程度，标准名称不一致的，应当给出国际标准名称。

我国标准采用国际标准程度的具体标注方法应遵守《标准化工作指南 第2部分：采用国际标准的规则》（GB/T20000.2）。

第十四条 在采用国际标准的我国标准中，应当说明或者标明技术性差异和编辑性修改，具体说明或者标注方法应遵守《标准化工作指南第2部分：采用国际标准的规则》（GB/T20000.2）。

第十五条 采用国际标准的我国标准的编号表示方法如下：

（一）等同采用国际标准的我国标准采用双编号的表示方法，

示例：GB×××××-××××/ ISO×××××：××××。

（二）修改采用国际标准的我国标准，只使用我国标准编号。

在采用国际标准时，应当按《标准化工作导则 第1部分：标准的结构和编写规则》（GB/T 1.1）的规定起草和编写我国标准。在等同采用ISO/IEC以外的其他组织的国际标准时，我国标准的文本结构应当与被采用的国际标准一致。

第十六条 采用国际标准的我国标准，在编制说明中，应当详细地说明采用该标准的目的、意义，标准的水平，我国标准同被采用标准的主要差异及其原因等。

第十七条 我国标准与国际标准的对应关系除等同、修改外，还包括非等效。非等效不属于采用国际标准，只表明我国标准与相应国际标准有对应关系。

非等效指与相应国际标准在技术内容和文本结构上不同，它们之间的差异没有被清楚地标明。非等效还包括在我国标准中只保留了少量或者不重要的国际标准条款的情况。

非等效（not equivalent）代号为NEQ。

第四章 促进采用国际标准的措施

第十八条 对于采用国际标准的重点产品，需要进行技术改造的，有关管理部门应当按国家技术改造的有关规定，优先纳入各级技术改造计划。

在技术引进中，要优先引进有利于使产品质量和性能达到国际标准的技术设备及有关的技术文件。

第十九条 对于国家重点工程项目，在采购原材料、配套设备、备品备件时，应当优先采购采用国际标准的产品。

第二十条 各级标准化管理部门应当及时为企业采用国际标准提供标准资料和咨询服务。各级科技和标准情报部门应当积极搜集、提供国际标准化的信息及有关资料，并开展咨询服务，为企业提供最新的标准信息。

第二十一条 对采用国际标准的产品，按照《采用国际标准产品标志管理办法》的规定实行标志制度。

第五章 附 则

第二十二条 办法由国家质量监督检验检疫总局负责解释。

第二十三条 本办法自发布之日起施行。1993 年 12 月 13 日原国家技术监督局发布的《采用国际标准和国外先进标准管理办法》同时废止。

附件

国际标准化组织确认并公布的其他国际组织

国际计量局	(BIPM)
国际人造纤维标准化局	(BISFN)
食品法典委员会	(CAC)
空间数据系统咨询委员会	(CCSDS)
国际建筑结构研究与改革委员会	(CIB)
国际照明委会员	(CIE)
国际内燃机理事会	(CIMAC)
国际牙科联合会	(FDI)
国际信息与文献联合会	(FID)
国际原子能机构	(IAEA)
国际航空运输协会	(IATA)
国际民航组织	(ICAO)
国际谷类加工食品科学技术协会	(ICC)
国际排灌委员会	(ICID)
国际辐射防护委员会	(ICRP)
国际辐射单位与测量委员会	(ICRU)
国际乳品业联合会	(IDF)
因特网工程特别工作组	(IETF)
国际图书馆协会与学会联合会	(IFTA)
国际有机农业运动联合会	(IFOAM)
国际煤气工业联合会	(IGU)
国际制冷学会	(IIR)
国际劳工组织	(ILO)
国际海事组织	(IMO)
国际种子检验协会	(ISTA)
国际电信联盟	(ITU)
国际理论与应用化学联合会	(IUPAC)
国际毛纺组织	(IWTO)

国际兽医局	（OIE）
国际法制计量组织	（OIML）
国际葡萄与葡萄酒局	（OIV）
材料与结构研究实验所国际联合会	（RILEM）
贸易信息交流促进委员会	（TraFIX）
国际铁路联盟	（UIC）
联合国经营、交易和运输程序和实施促进中心	（UN/CEFACT）
联合国教科文组织	（UNESCO）
国际海关组织	（WCO）
世界卫生组织	（WHO）
世界知识产权组织	（WIPO）
世界气象组织	（WMO）

采用快速程序制定国家标准的管理规定

发布机构：国家技术监督局
发布日期：1998.01.08
生效日期：1998.01.08

第一条 为了缩短标准制定周期，以适应企业对市场经济快速反应的需要，规范采用快速程序制定国家标准的工作，特制定本规定。

第二条 快速程序（代号：FTP）是在正常标准制定程序（程序类别代号：A）的基础上省略起草阶段（程序类别代号：B）或省略起草阶段和征求意见阶段（程序类别代号：C）的简化程序（见 GB/T16733《国家标准制定程序的阶段划分及代码》）。

第三条 符合下列情况之一的项目，可申请采用快速程序：

（一）等同采用或等效采用国际标准制定国家标准的项目，可采用 B 程序（项目类别代号：1）；

（二）等同采用或等效采用国外先进标准制定国家标准的项目，可采用 B 程序（项目类别代号：2）；

（三）现行国家标准的修订项目，可采用 C 程序（或 B 程序）（项目类别代号：3）；

（四）现行其他标准转化为国家标准的项目，可采用 B 程序（项目类别代号：4）。

第四条 采用快速程序的项目，按《国家标准管理办法》的有关规定和 GB/T 16733 的要求进行管理。

第五条 采用快速程序的项目，应在《国家标准项目任务书》的备注栏内说明理由并注明快速程序代码。

快速程序代码由快速程序代号、程序类别代号和项目类别代号三部分组成：

FTP-×　×

项目类别代号（1、2、3、4）

程序类别代号（B、C）

快速程序代号

第六条　在执行《国家标准制、修订项目计划》过程中，如需由快速程序转为正常程序，或由正常程序转为快速程序时，应按要求填写《国家标准计划项目调整申请表》（见《国家标准管理办法》附件3），并按《国家标准管理办法》中有关计划项目调整的规定办理。

第七条　采用快速程序制定行业标准、地方标准时，可参照本规定执行。

第八条　本规定由国家技术监督局负责解释。

第九条　本规定自发布之日起施行。

关于正确处理在国际标准化活动中涉及香港、台湾和澳门问题的通知

发布机构：国家质量技术监督局
发布日期：1998. 12. 15
生效日期：1998. 12. 15

各有关行政主管部门、ISO及IEC国内各技术归口单位：

中华人民共和国作为中国在联合国及有关国际组织中唯一合法代表，在各项国际活动中发挥着重要作用，我国的国际地位不断提高。

中华人民共和国现为国际标准化组织（ISO）和国际电工委员会（IEC）的正式成员（Memberbody and National Committee），是代表中国参加上述组织的唯一合法代表。但由于历史原因，中国台湾省、中国香港地区和澳门地区在不同时期、以不同身份曾经和正在参加不同国际标准化组织的各种活动。鉴于香港特别行政区、台湾省和澳门地区是中国领土不可分割的组成部分，为发挥这些地区技术专家在国际标准化活动中的作用，在不涉及国家主权和领土完整的前提下，原则允许香港特别行政区、台湾省和澳门地区以各自不同身份参加国际标准化组织（ISO）、国际电工委员会（IEC）及各技术委员会和分委员会的活动。

根据我国有关法律、外交部关于对香港特别行政区、台湾省和澳门地区在国际活动中身份的规定、ISO及IEC章程和我局与ISO、IEC在此问题上达成的协议等，为加强在国际标准化活动中涉及上述地区有关工作的管理，慎重处理在国际标准化活动中出现的港、澳、台问题，特将有关事项通知如下：

一、我国香港特别行政区是国际标准化组织（ISO）的通讯成员（Correspondent member），只能以上述身份参加ISO大会及有关技术委员会和分委员会的活动，在上述技术组织中可以发表意见，但均没有表决权。

二、香港特别行政区不是国际电工委员会（IEC）的成员，不能独立

参加该委员会的活动，香港技术专家如果要参加活动可以向我国有关主管部门提出申请，经批准后可作为中国代表团成员参加有关活动。

三、香港特别行政区在国际标准化组织活动中及各种会议文件、统计资料、标识（桌牌等）和代码中的正式称谓是：中国香港特别行政区或中国香港，英文为：The Hong Kong Special Administrative Region of China 或 Hong Kong，China。

四、我国台湾省不是ISO和IEC的成员，也不能独立参加上述组织的各项活动。如有需要，台湾省的技术专家可以以“中国台湾省”或“中国台北”名义向我国有关主管部门提出申请，经批准后可作为中国代表团成员参加IEC工作组和ISO技术委员会和分委员会的有关活动。

五、我国台湾省在国际标准化组织各种统计资料和代码中的正式称谓是：“中国台湾省”或“中国台北”，英文为：Taiwan Province of China 或 Chinese Taipei。

六、我国澳门地区参加国际标准化活动办法参照香港特别行政区参加活动的办法执行。

ISO/IEC国内各有关技术归口单位及其行政主管部门在各自归口范围的国际标准化活动中，凡涉及到处理诸如港、澳、台专家参加ISO/IEC及各技术机构的会议、会议文件中称谓及桌牌的标识方法、技术统计资料中列名方式和国际标准草案中有关港、澳、台称谓和代码及其他与港、澳、台参加国际标准化活动有关的各项工作，必须事先请示我局同意并按照上述有关规定方可处理有关事项，同时将有关处理情况报告外交部。

务请各有关行政主管部门和国内技术归口单位提高认识，加强管理，及时请示报告，妥善处理港、澳、台参加国际标准化活动的各项事宜。未经我局或外交部同意，各有关单位自行处理港、澳、台参加国际标准化活动事宜所产生的不良后果，由具体工作承担单位负全部责任。

国家质量技术监督局

一九九八年十二月十五日

质检总局　国家标准委关于发布《参加国际标准化组织（ISO）和国际电工委员会（IEC）国际标准化活动管理办法》的公告

2015 年第 36 号

《参加国际标准化组织（ISO）和国际电工委员会（IEC）国际标准化活动管理办法》已经 2014 年 12 月 30 日国家质量监督检验检疫总局局务会议审议通过，现予发布，自 2015 年 5 月 1 日起实施。

特此公告。

质检总局　国家标准委
2015 年 3 月 17 日

参加国际标准化组织（ISO）和国际电工委员会（IEC）国际标准化活动管理办法

第一章　总　　则

第一条　为加强我国参加国际标准化活动的管理，提高我国参加国际标准化活动的能力和水平，根据《中华人民共和国标准化法》《中华人民共和国标准化法实施条例》以及国家有关外事管理的规定，制定本办法。

第二条 本办法所称参加国际标准化活动是指参加国际标准化组织（ISO）和国际电工委员会（IEC）的相关活动。具体包括：

（一）担任 ISO 和 IEC 中央管理机构的官员或委员；

（二）担任 ISO 和 IEC 技术机构负责人；

（三）承担 ISO 和 IEC 技术机构秘书处工作；

（四）担任工作组召集人或注册专家；

（五）承担 ISO 和 IEC 技术机构的国内技术对口单位工作，以积极成员或观察员的身份参加技术机构的活动；

（六）提出国际标准新工作项目和新技术工作领域提案，主持国际标准制修订工作；

（七）参加国际标准制修订工作，跟踪研究国际标准文件，并进行投票和评议；

（八）参加或承办 ISO 和 IEC 的国际会议；

（九）其他参加的国际标准化活动。

第二章　工作职责

第三条 国务院标准化主管部门统一组织和管理我国参加国际标准化活动的各项工作，并代表中国参加 ISO 和 IEC 组织，履行下列职责：

（一）制定并组织落实我国参加国际标准化工作的政策、规划和计划；

（二）承担 ISO 中国国家成员体和 IEC 中国国家委员会秘书处，负责 ISO 中国国家成员体和 IEC 中国国家委员会日常工作，以及与 ISO 和 IEC 中央秘书处的联络；

（三）协调和指导国内各有关行业、地方参加国际标准化活动；

（四）指导和监督国内技术对口单位的工作，设立、调整和撤销国内技术对口单位，审核成立国内技术对口工作组，审核和注册我国专家参加国际标准制修订工作组；

（五）审查、提交国际标准新工作项目提案和新技术工作领域提案，确定和申报我国参加 ISO 和 IEC 技术机构的成员身份，指导和监督国际标准文件投票工作；

（六）审核、调整我国担任的 ISO 和 IEC 的管理和技术机构的委员、负责人和秘书处承担单位，并管理其日常工作；

（七）申请和组织我国承办 ISO 和 IEC 的技术会议，管理我国代表团参加 ISO 和 IEC 的技术会议；

（八）组织开展国际标准化培训和宣贯工作；

（九）其他与参加国际标准化活动管理有关的职责。

第四条 国务院各有关行政主管部门、具有行业管理职能的行业协会、集团公司（以下简称“行业主管部门”）受国务院标准化主管部门委托，分工管理本部门、本行业参加 ISO 和 IEC 国际标准化活动，并履行下列职责：

（一）提出国内技术对口单位承担机构建议，支持国内技术对口单位参加国际标准化活动；

（二）指导国内技术对口单位对国际标准化活动的跟踪研究，以及国际标准文件投票和评议工作；

（三）指导、审查国际标准新工作项目提案和新技术工作领域提案；

（四）组织本部门、本行业开展国际标准化培训和宣贯工作；

（五）每年 1 月 15 日之前向国务院标准化主管部门报告上一年度本行业参加国际标准化活动工作情况；

（六）其他与本行业参加国际标准化活动管理有关的职责。

第五条 省、自治区、直辖市标准化行政主管部门受国务院标准化主管部门委托，协助管理本行政区域内的有关方面参加国际标准化活动的相关工作，并履行下列职责：

（一）根据我国参加国际标准化活动的方针政策和工作部署，推动和支持本行政区域内的有关方面参加国际标准化活动；

（二）组织跟踪、研究、分析与本行政区域经济贸易发展密切相关的国际标准化活动；

（三）根据本行政区域的优势和特色，组织提出国际标准新工作项目提案和新技术工作领域提案的建议；

（四）提出国内技术对口单位承担机构建议，联系并支持本行政区域内的国内技术对口单位；

（五）定期向国务院标准化主管部门报告本行政区域参加国际标准化活动工作情况。

第六条 国内技术对口单位具体承担 ISO 和 IEC 技术机构的国内技术对口工作，并履行下列职责：

（一）严格遵照 ISO 和 IEC 的相关政策、规定开展工作，负责对口领域参加国际标准化活动的组织、规划、协调和管理，跟踪、研究、分析对口领域国际标准化的发展趋势和工作动态；

（二）根据本对口领域国际标准化活动的需要，负责组建国内技术对口工作组，由该对口工作组承担本领域参加国际标准化活动的各项工作，国内技术对口工作组的成员应包括相关的生产企业、检验检测认证机构、高等院校、消费者团体和行业协会等各有关方面，所代表的专业领域应覆盖对口的 ISO 和 IEC 技术范围内涉及的所有领域；

（三）严格遵守国际标准化组织知识产权政策的有关规定，及时分发 ISO 和 IEC 的国际标准、国际标准草案和文件资料，并定期印发有关文件目录，建立和管理国际标准、国际标准草案文件、注册专家信息、国际标准会议文件等国际标准化活动相关工作档案；

（四）结合国内工作需要，对国际标准的有关技术内容进行必要的试验、验证，协调并提出国际标准文件投票和评议意见；

（五）组织提出国际标准新技术工作领域和国际标准新工作项目提案建议；

（六）组织中国代表团参加对口的 ISO 和 IEC 技术机构的国际会议；

（七）提出我国承办 ISO 和 IEC 技术机构会议的申请建议，负责会议的筹备和组织工作；

（八）提出参加 ISO 和 IEC 技术机构的成员身份（积极成员或观察员）的建议；

（九）提出参加 ISO 和 IEC 国际标准制定工作组注册专家建议；

（十）及时向国务院标准化主管部门、行业主管部门和地方标准化行政主管部门报告工作，每年 1 月 15 日前报送上年度工作报告和《参加 ISO 和 IEC 国际标准化活动国内技术对口工作情况报告表》（附件 2）；

（十一）与相关的全国专业标准化技术委员会和其他国内技术对口单位保持联络；

（十二）其他本技术对口领域参加国际标准化活动的相关工作。

第三章　国内技术对口单位管理

第七条　设立国内技术对口单位的原则：

（一）设立国内技术对口单位应当与ISO和IEC技术机构相对应，ISO和IEC技术委员会的国内技术对口单位不自动成为其分技术委员会的国内技术对口单位；

（二）国内技术对口单位原则上由本专业领域对应的全国专业标准化技术委员会秘书处单位承担，没有对应的全国专业标准化技术委员会的，由本专业技术实力强、具备组织参与国际标准化工作能力的企业、科研院所、检验检测认证机构、行业协会及高等院校等单位承担。

第八条 承担国内技术对口单位应具备下列条件：

（一）我国境内依法设立的法人组织；

（二）有较强的技术实力和影响力，有较强的参加国际标准化活动的组织协调能力；

（三）有熟悉国际标准化工作程序和较好英语水平的工作人员；

（四）有专门机构及开展工作所需的资金和办公条件；

（五）国务院标准化主管部门规定的其他条件。

第九条 国内技术对口单位应当将参与国际标准化活动相关工作纳入本单位工作规划和日常工作。

第十条 国内技术对口单位的设立程序包括提出申请、资质审查、批复和成立，具体包括：

（一）行业主管部门，各省、自治区、直辖市人民政府标准化行政主管部门，以及全国专业标准化技术委员会秘书处承担单位、企业、科研院所、检验检测认证机构、行业协会及高等院校等，均可向国务院标准化主管部门提出承担国内技术对口单位的申请，并报送《承担国内技术对口单位申请表》（附件3）；

（二）国务院标准化主管部门负责对提出承担国内技术对口单位的申请进行资质审查；

（三）对符合要求并协调一致的申请，国务院标准化主管部门予以书面批复，对无法协调一致，但社会经济发展和参加国际标准化活动迫切需要的，由国务院标准化主管部门组织考察论证，根据论证结果决定并予以批复；

（四）国内技术对口单位在国务院标准化主管部门批复成立后，应在10个工作日内启动相关工作。

第十一条 国务院标准化主管部门定期检查国内技术对口单位工作情

况。有下列情形之一的，可对承担单位进行调整：

（一）未履行国内技术对口单位工作职责，没有正常开展工作或工作开展不力，对口国际标准化工作质量出现严重问题的；

（二）不履行国际标准投票工作义务，投票率低于90%的；

（三）连续两次不参加国际会议且未向国务院标准化主管部门说明理由的；

（四）利用承担国内技术对口单位工作为本单位或者相关利益方谋取不正当利益的；

（五）违规使用国际标准化工作经费，逾期未改正的；

（六）存在其他应当调整的行为的。

第十二条 国内技术对口单位不再承担相应工作的，应提前6个月提出申请，经国务院标准化主管部门审核后予以调整。

第十三条 由于对口的ISO和IEC技术机构撤销，或其工作范围发生调整，承担单位不再适合担任国内技术对口单位的，国务院标准化主管部门可对其予以撤销或调整。

第十四条 ISO和IEC技术委员会与其分技术委员会的国内技术对口单位由不同单位承担的，分别负责对应领域的国际标准投票等工作。分技术委员会的国内技术对口单位应定期向技术委员会的国内技术对口单位报告工作情况。

第十五条 国内技术对口单位之间应当加强联络：

（一）ISO和IEC技术委员会的国内技术对口单位与其分技术委员会的国内技术对口单位不是同一单位的，应建立联络关系；

（二）ISO和IEC技术机构之间有联络关系的，相应的国内技术对口单位之间应同样建立联络关系；

（三）国内技术对口单位可指派观察员参加建立联络关系的技术对口工作组的工作，获取相关国际标准文件，参加会议讨论，但没有投票权；

（四）国内技术对口单位与相对应的全国专业标准化技术委员会的秘书处不是同一单位承担的，应与相对应的全国专业标准化技术委员会建立联络关系，共同对国际标准进行研究分析，形成我国对国际标准草案的投票意见。在采用国际标准时，国内技术对口单位应向相对应的全国专业标准化技术委员会，提供国际标准草案和国际标准等文件资料，并提供技术咨询。

第四章　工作程序及要求

第一节　承担负责人和秘书处

第十六条　行业主管部门，各省、自治区、直辖市标准化行政主管部门，以及全国专业标准化技术委员会秘书处承担单位、企业、科研院所、检验检测认证机构、行业协会及高等院校等，均可向国务院标准化主管部门提出承担 ISO 和 IEC 技术机构负责人和秘书处的申请。国务院标准化主管部门对提出申请的人员和单位进行资质审查，统一向 ISO 和 IEC 提出申请。

第十七条　担任 ISO 和 IEC 技术机构负责人，应符合下列要求：

（一）保证履行 ISO 和 IEC 规定的主席、副主席和秘书的工作职责；

（二）熟悉相对应的 ISO 和 IEC 技术领域的专业知识和国际标准化工作程序，熟练使用 ISO 和 IEC 信息技术工具；

（三）担任主席、副主席职务应具备使用英语、法语或俄语主持召开国际会议、协调国际观点的能力；

（四）担任秘书职务应具备使用英语、法语或俄语记录国际会议召开情况、处理秘书处日常工作文件和国际交流沟通的能力。

第十八条　承担 ISO 和 IEC 技术机构负责人和秘书处的单位，应符合下列要求：

（一）有固定的办公地点和必要的办公设备，能按照 ISO 和 IEC 的要求，开展秘书处的日常工作；

（二）对本单位承担 ISO 和 IEC 技术机构负责人工作提供必要的经费支持；

（三）每年 1 月 15 日前向国务院标准化主管部门报送工作报告，填写《我国承担 ISO 和 IEC 技术机构国际标准化工作情况报告表》（附件 4），抄送行业或地方标准化主管部门。

第二节　确定成员身份

第十九条　参加 ISO 和 IEC 技术活动的身份有积极成员和观察员两种。在与国家经济和社会发展关系重大的领域，能够保证履行积极成员义务，按照ISO和IEC工作要求出席国际会议（包括以通讯方式参加），及时处理国际标准草案投票等有关事宜的，应申请成为积极成员。不具备上述条件的，可申请为观察员。鼓励国内技术对口单位以积极成员身份参加国际标准化工作。

第二十条 参加ISO和IEC的技术机构的成员身份，由国内技术对口单位提出建议并报国务院标准化主管部门，由国务院标准化主管部门统一向ISO和IEC申报。

第二十一条 国务院标准化主管部门可根据工作情况调整国内技术对口单位参加ISO和IEC的技术机构的成员身份。

第三节 投票

第二十二条 国内技术对口单位应在规定时间内，广泛征求国内各相关方意见，并提交国际标准文件的投票和评议意见。有行业主管部门的，投票和评议意见应同时抄送行业主管部门。行业主管部门对各相关方的不同意见，应组织协调并在规定时间内向国务院标准化主管部门报送投票和评论意见。

第二十三条 国内技术对口单位在处理ISO的委员会内部国际标准文件的投票时，经国务院标准化主管部门授权许可后，可直接登录ISO国际标准投票系统对外投票。

第二十四条 国内技术对口单位在处理ISO的国际标准草案、国际标准最终草案、复审等国际标准文件的投票时，应登录国务院标准化主管部门国际标准投票系统进行投票。国务院标准化主管部门对国内技术对口单位的投票和评论意见审核同意后，统一对外投票。

第二十五条 国内技术对口单位在处理IEC的国际标准文件的投票时，应登录国务院标准化主管部门国际标准投票系统进行投票。国务院标准化主管部门对国内技术对口单位的投票和评论意见审核同意后，统一对外投票。

第二十六条 国内技术对口单位在处理国际标准投票时，应使用ISO和IEC统一规定的评论意见表，评论意见报国务院标准化主管部门时应同时提供中英文。

第四节 提交提案

第二十七条 国务院标准化主管部门鼓励各有关方面积极向ISO和

IEC 提出国际标准新工作项目和新技术工作领域提案，企业、科研院所、检验检测认证机构、行业协会及高等院校等我国的任何机构均可提出提案。

第二十八条 提交国际标准新工作项目提案应遵照以下工作程序：

（一）按照 ISO 和 IEC 的要求，准备国际标准新工作项目提案申请表，及国际标准的中英文草案或大纲，填写国务院标准化主管部门《国际标准新工作项目提案审核表》（附件 5）；

（二）上述材料经相关国内技术对口单位协调、审核，并经行业主管部门审查后，由国内技术对口单位报送国务院标准化主管部门；国务院标准化主管部门审查后统一向 ISO 和 IEC 相关技术机构提交申请；如无行业主管部门的，国内技术对口单位可直接向国务院标准化主管部门报送申请；

（三）提案单位和相关国内技术对口单位应密切跟踪提案立项情况，积极推进国际标准制修订工作进程并将相关情况及证明文件及时报国务院标准化主管部门备案。

第二十九条 提交新技术工作领域提案应遵照以下工作程序：

（一）按照 ISO 和 IEC 的要求，准备国际标准新工作领域提案申请表，填写国务院标准化主管部门《国际标准化组织新技术工作领域申请表》（附件 6）；

（二）原则上提案材料报相关行业或地方主管部门审核，经行业或地方主管部门同意后，由提案方报国务院标准化主管部门；国务院标准化主管部门审查后统一向 ISO 和 IEC 相关机构提交申请。

第五节 参加工作组

第三十条 对于我国以积极成员参加的 ISO 和 IEC 技术机构，国内技术对口单位应积极选派各相关方面专家参加工作组，争取担任工作组召集人。在 IEC 技术机构，国内技术对口单位应选派专家参加至少一个工作组的工作。

第三十一条 拟参加工作组的专家，应首先向国内技术对口单位提出申请。国内技术对口单位负责对专家进行资质审查，向国务院标准化主管部门报送《ISO/IEC 工作组专家申请表》（附件 7），并抄报相关行业主管部门。经国务院标准化主管部门审核后，统一对外报名注册；在新工作项目投票阶段同时提名专家的，国内技术对口单位应在项目正式立项后，将专家信息报国务院标准化主管部门统一注册。

第三十二条 工作组专家应积极参加工作组活动，履行专家义务，与工作组召集人保持密切联络，直接或以通讯方式参加工作组会议，对相关国际标准起草工作做出积极贡献。如专家个人联络信息变更，应及时报送工作组召集人并抄报国务院标准化主管部门及国内技术对口单位。

第三十三条 工作组专家参加工作组活动的技术意见应报国内技术对口单位审核；参加工作组会议的，应在会议结束后30天内向国内技术对口单位提交参会报告。

第六节 参加技术机构会议

第三十四条 国内技术对口单位负责参加ISO和IEC技术机构会议中国代表团的组织及参会预案准备工作。

第三十五条 国内技术对口单位在收到ISO和IEC会议通知后，应在5个工作日内将会议通知转发国内技术对口工作组及相关单位。国内各有关单位参加国际会议，应向国内技术对口单位提出申请，参加由国内技术对口单位统一组织的中国代表团，不得自行与ISO和IEC联系。

第三十六条 国内技术对口单位负责对参加国际会议的代表进行资质审查，填写《参加ISO和IEC会议报名表》（附件8），并提出中国代表团组成和团长建议。原则上团长应具有进行表态和发言的技术和语言能力。参会团组方案应报国务院标准化主管部门并抄报相关行业主管部门，由国务院标准化主管部门统一向ISO和IEC提出参会申请并对参会代表进行注册。

第三十七条 参加国际会议的代表应遵守以下工作要求：

（一）严格遵守外事纪律；

（二）严格执行参会任务，按时参加国际会议，不得出现缺席现象；

（三）认真准备参会预案，所有代表团成员应按参会预案的统一口径，在参会期间开展国际沟通和交流工作，进行会议发言；

（四）参会代表团在参加会议时，只有团长有权对会议决议投票、表态，经团长授权后，其他代表方可在会议发言或进行表态。

第三十八条 未经国务院标准化主管部门审核，任何单位或个人不得代表我国出席ISO和IEC会议，由此产生的后果由派出单位负全部责任。

第三十九条 参加ISO和IEC会议代表的外事手续，由代表派出单位根据国家外事管理的有关规定自行办理。

第四十条 国内技术对口单位应在会议结束30天内将书面总结报送国务院标准化主管部门，同时抄送行业主管部门。

第七节 承办ISO和IEC技术机构会议

第四十一条 国内技术对口单位应先与ISO和IEC的相关技术机构秘书处初步协商，向国务院标准化主管部门提交申请，国务院标准化主管部门按照在华举办国际会议的有关要求审查后，统一向ISO和IEC提出主办会议的正式申请。

第四十二条 国务院标准化主管部门作为会议的主办单位，国内技术对口单位或其委托的其他单位作为会议的承办单位。

第四十三条 会议承办单位应遵守在华举办国际会议的有关规定，会议承办单位不得收取会议代表注册费。

第四十四条 会议承办单位在会议结束后30天内向国务院标准化主管部门提交承办会议总结，同时抄报行业主管部门。

第五章 经费和奖惩

第四十五条 国内技术对口单位、ISO和IEC技术机构负责人所在单位和秘书处承担单位等参加国际标准化活动经费应列入本单位、本地方的经费预算。

第四十六条 国务院标准化主管部门对于担任ISO和IEC技术机构负责人、承担秘书处和主持制定国际标准等重要国际标准化活动给予补助经费。

第四十七条 国际标准化活动补助经费按照财政部有关规定进行列支，纳入单位财务统一管理，单独核算，专款专用，任何单位和个人不得截留或者挪用，并接受国务院标准化主管部门的监督检查和审计机关的审计。截留或者挪用经费的，按照有关规定处理。

第四十八条 国务院标准化主管部门对参加国际标准化活动做出突出成绩的国内技术对口单位和个人予以表彰，主要包括以下几种情况：

（一）获得ISO或IEC奖励的；

（二）提出国际标准提案，主持制定国际标准表现突出的；

（三）认真履行 ISO 和 IEC 技术机构负责人工作职责，表现突出的；

（四）认真履行国际技术机构秘书处和国内技术对口单位的职责，积极开展国际标准化工作并表现突出的；

（五）积极组织本行业、本地区参与国际标准化活动做出突出贡献的；

（六）在国际标准化人才培训、国际标准化政策研究工作中做出突出贡献的；

（七）其他需要奖励的情况。

第四十九条 国内技术对口单位、我国承担的 ISO 和 IEC 技术机构负责人及其承担单位违反本办法，有下列情形之一的，国务院标准化主管部门责令其限期整改：

（一）连续两次不按规定对国际标准草案进行表态，参加和承办国际会议的；不认真履行国内技术对口单位职责，未能组织国内相关机构参与对口 ISO 和 IEC 技术领域国际标准化活动的。

（二）不认真履行 ISO 和 IEC 技术机构负责人和秘书处职责，不能有效组织开展本技术领域国际标准化活动，被 ISO 和 IEC 通报的。

（三）不按规定使用和管理工作经费的。

（四）存在其他违法违规行为的。

第六章 附 则

第五十条 香港特别行政区、澳门特别行政区和台湾地区的专家参加国际标准化会议，按照国际标准化组织和我国有关要求办理。

第五十一条 参加 ISO 和 IEC 合格评定活动，由国家认证认可监督管理委员会负责管理，具体管理办法另行制定。

第五十二条 本办法主要根据 ISO 和 IEC 章程及技术工作程序等参加国际标准化活动的要求制定，参加其他国际和区域性标准化组织活动的管理可参照本办法执行或制定相应的管理规定。

第五十三条 本办法自 2015 年 5 月 1 日起施行。原国家技术监督局印发的《参加国际标准化组织（ISO）和国际电工委员会（IEC）技术活动的管理办法》（局标发（1992）372 号）即行废止。

附件 1

专业用语释义及中/英文对照表

专业用语	释义及中/英文对照
ISO	国际标准化组织，是世界上最大的综合性国际标准化机构。
IEC	国际电工委员会，是制定和发布国际电工电子标准的专业性国际标准化机构。
技术机构	指 ISO 和 IEC 的技术委员会、项目委员会和分委员会等。技术机构是由 ISO 或 IEC 成立的，在一定专业领域内，组织 ISO 和 IEC 国际标准制修订的技术组织。
负责人	指 ISO 和 IEC 的技术机构的主席、副主席和秘书等，负责全面管理技术机构的工作。
工作组	是指 ISO 和 IEC 的工作组、项目组和维护组等。工作组是由技术委员会、分委员会成立的，在本专业领域内，负责起草 ISO 和 IEC 国际标准的技术组织。工作组由上一级委员会的积极成员（P 成员）或联络组织推荐的专家组成。
委员会内部国际标准文件投票	包括预工作项目、新工作项目提案、工作组草案、委员会草案等投票。
技术委员会	TC，Technical Committee
分委员会	SC，Subcommittee
项目委员会	PC，Project committee
工作组	WG，Working Group
项目组	PT，Project Team
维护组	MT，Maintain Team
预工作项目	PWI，Pre Work Item
新工作项目提案	NWIP，New Work Item Proposal
工作组草案	WD，Working Draft
委员会草案	CD，Committee Draft
国际标准草案（ISO） 委员会投票草案（IEC）	DIS，International Standard Draft（ISO） CDV，Committee Draft for Vote（IEC）
最终国际标准草案	FDIS，Final International Standard Draft
复审	SR，System Review
积极成员	P－member，Participating Member
观察员	O－member，Observer

附件2

参加ISO和IEC国际标准化活动国内技术对口工作情况报告表

<table>
<tr><td colspan="9">ISO/TC /SC 主管部门： 对口单位：
IEC/TC/SC</td></tr>
<tr><td rowspan="9">投票情况</td><td colspan="2">票数
投票种类</td><td>全年收到数</td><td colspan="2">当年应投票数</td><td colspan="2">实投票数</td><td>占百分比</td></tr>
<tr><td colspan="2">预工作项目（PWI）</td><td></td><td colspan="2"></td><td colspan="2"></td><td></td></tr>
<tr><td colspan="2">新工作项目提案（NP）</td><td></td><td colspan="2"></td><td colspan="2"></td><td></td></tr>
<tr><td colspan="2">工作组草案（WD）</td><td></td><td colspan="2"></td><td colspan="2"></td><td></td></tr>
<tr><td colspan="2">委员会草案（CD）</td><td></td><td colspan="2"></td><td colspan="2"></td><td></td></tr>
<tr><td colspan="2">国际标准草案DIS（ISO）、委员会投票草案CDV（IEC）</td><td></td><td colspan="2"></td><td colspan="2"></td><td></td></tr>
<tr><td colspan="2">国际标准最终草案（FDIS）</td><td></td><td colspan="2"></td><td colspan="2"></td><td></td></tr>
<tr><td colspan="2">国际标准复审（SR）</td><td></td><td colspan="2"></td><td colspan="2"></td><td></td></tr>
<tr><td colspan="8"></td></tr>
<tr><td colspan="2" rowspan="5">参加ISO/IEC会议情况（包括在我国召开的会议）</td><td colspan="3">派出代表团总数：</td><td colspan="4">参加会议总人数：</td></tr>
<tr><td>会议类别</td><td colspan="3">TC</td><td colspan="3">SC</td></tr>
<tr><td>成员身份</td><td>P</td><td colspan="2">O</td><td>P</td><td colspan="2">O</td></tr>
<tr><td>参加会议次数</td><td></td><td colspan="2"></td><td></td><td colspan="2"></td></tr>
<tr><td>参加会议人数</td><td></td><td colspan="2"></td><td></td><td colspan="2"></td></tr>
</table>

续表

<table>
<tr><td rowspan="5">承办 ISO/IEC 会议情况</td><td rowspan="5"></td><td>会议类别</td><td>TC</td><td>SC</td></tr>
<tr><td>承办单位</td><td></td><td></td></tr>
<tr><td>会议总人数</td><td></td><td></td></tr>
<tr><td>外宾人数</td><td></td><td></td></tr>
<tr><td>参会国家数量</td><td></td><td></td></tr>
<tr><td rowspan="2">参与国际标准制修订专家情况</td><td colspan="2">年度注册专家数</td><td colspan="2">共　　人，共　　个工作组，工作组参加覆盖率＿＿＿＿＿＿%。</td></tr>
<tr><td colspan="2">累计注册专家总数</td><td colspan="2">共　　人，共　　个工作组，工作组参加覆盖率＿＿＿＿＿＿%。</td></tr>
<tr><td rowspan="4">提交国际标准提案和发布国际标准情况[a]</td><td colspan="2">提交提案总数</td><td colspan="2"></td></tr>
<tr><td colspan="2">立项提案数</td><td colspan="2"></td></tr>
<tr><td colspan="2">年度发布国际标准</td><td colspan="2"></td></tr>
<tr><td colspan="2">累计发布国际标准总数</td><td colspan="2"></td></tr>
<tr><td rowspan="3">文件资料收发情况</td><td colspan="4">收到技术资料　收到　　件；翻译　　件</td></tr>
<tr><td colspan="4">分发资料　　件；</td></tr>
<tr><td colspan="4">累计收到国际标准共　　个，已翻译　　个</td></tr>
<tr><td colspan="5">填表人　　　　　　　　　　技术对口单位盖章

年　月　日　　　　　　　　　年　月　日</td></tr>
<tr><td colspan="5">a 请随表附提交国际标准提案和发布国际标准的相关证明文件。</td></tr>
</table>

附件3

承担国内技术对口单位申请表

年　　月　　日

<table>
<tr><td colspan="2">拟对口的 TC/SC 编号及中文名称</td><td colspan="2"></td><td>拟对口的国际组织</td><td>□ ISO
□ IEC</td></tr>
<tr><td colspan="6">拟申请该 TC/SC 的成员身份：　　□ P 成员　　□ O 成员</td></tr>
<tr><td colspan="6">该 TC/SC 有无对应的国内技术对口单位：
□ 有，国内技术对口单位名称是：____________
□ 无</td></tr>
<tr><td colspan="2">申请单位名称</td><td colspan="2"></td><td>单位性质</td><td>□ 国有企业
□ 民营企业
□ 科研院所
□ 大专院校
□ 行业协会
□ 政府机构
□ 其他：</td></tr>
<tr><td colspan="2">单位地址</td><td colspan="2"></td><td>联系人</td><td></td></tr>
<tr><td>电　话</td><td></td><td>传　真</td><td></td><td>电子邮件</td><td></td></tr>
<tr><td colspan="6">申请技术对口单位理由：</td></tr>
<tr><td colspan="6">参加该领域国际标准化工作情况：</td></tr>
<tr><td colspan="6">申请单位意见：
负责人：　　（签名、盖章）
年　月　日</td></tr>
<tr><td colspan="6">行业主管部门意见：
负责人：　　（签名、盖公章）
年　月　日</td></tr>
</table>

续表

国家标准委意见：	
国际合作部意见：	专业部见：

附件 4

我国承担 ISO 和 IEC 技术机构国际标准化工作情况报告表

<table>
<tr><td colspan="6">ISO/TC /SC　　主席承担单位：　　秘书处单位：
IEC/TC /SC</td></tr>
<tr><td colspan="6">TC/SC 技术机构中文名称：</td></tr>
<tr><td rowspan="7">机构和成员情况</td><td>成员总数</td><td colspan="4"></td></tr>
<tr><td>机构类别</td><td colspan="2">TC</td><td colspan="2">SC</td></tr>
<tr><td>设立 SC 数</td><td colspan="2"></td><td colspan="2">——</td></tr>
<tr><td>设立 WG 数</td><td colspan="2"></td><td colspan="2"></td></tr>
<tr><td>成员身份</td><td>P</td><td>O</td><td>P</td><td>O</td></tr>
<tr><td>成员数量</td><td></td><td></td><td></td><td></td></tr>
<tr><td>联络组织</td><td colspan="2">共　　个</td><td colspan="2"></td></tr>
<tr><td rowspan="2">发布国际标准情况</td><td>年度发布国际标准</td><td colspan="4"></td></tr>
<tr><td>累计发布国际标准总数</td><td colspan="4"></td></tr>
<tr><td rowspan="8">制定中的国际标准情况</td><td>数量
文件种类</td><td colspan="2">总数</td><td colspan="2">由中国提交的项目数</td></tr>
<tr><td>预工作项目（PWI）</td><td colspan="2"></td><td colspan="2"></td></tr>
<tr><td>新工作项目提案（NP）</td><td colspan="2"></td><td colspan="2"></td></tr>
<tr><td>工作组草案（WD）</td><td colspan="2"></td><td colspan="2"></td></tr>
<tr><td>委员会草案（CD）</td><td colspan="2"></td><td colspan="2"></td></tr>
<tr><td>询问草案 DIS（ISO）、CDV（IEC）</td><td colspan="2"></td><td colspan="2"></td></tr>
<tr><td>最终国际标准草案（FDIS）</td><td colspan="2"></td><td colspan="2"></td></tr>
<tr><td>国际标准复审（SR）</td><td colspan="2"></td><td colspan="2"></td></tr>
</table>

续表

<table>
<tr><td rowspan="5">举办 ISO/IEC 会议情况</td><td rowspan="5">其中</td><td>会议次数</td><td colspan="2"></td></tr>
<tr><td>会议时间</td><td colspan="2"></td></tr>
<tr><td>会议地点</td><td colspan="2"></td></tr>
<tr><td>会议人数</td><td colspan="2"></td></tr>
<tr><td>中国代表团是否参会</td><td>□是，参会
共　人</td><td>□否</td></tr>
<tr><td>完成的其他工作</td><td colspan="4"></td></tr>
<tr><td colspan="5">主席/秘书签名　　　　ISO/IEC 技术机构承担单位盖章
年　月　日　　　　年　月　日</td></tr>
</table>

附件5

国际标准新工作项目提案审核表

<table>
<tr><td colspan="7">国家标准委签发：</td></tr>
<tr><td>提交单位</td><td colspan="6">__________（签名）
（盖章）
年　月　日</td></tr>
<tr><td colspan="7">国家标准委签发：</td></tr>
<tr><td>国内技术对口单位意见</td><td colspan="6">__________（签名）
（盖章）
年　月　日</td></tr>
<tr><td>行业主管部门意见</td><td colspan="6">__________（签名）
（盖章）
年　月　日</td></tr>
<tr><td>国际提案拟提交的国际标准化机构</td><td colspan="2"></td><td colspan="2">提案报送日期</td><td colspan="2"></td></tr>
<tr><td colspan="7">提案名称：</td></tr>
<tr><td>提案类型：</td><td>新标准</td><td>现行标准的新部分</td><td>修订标准</td><td>技术报告</td><td>技术规范</td><td>可公开提供的规范</td></tr>
<tr><td colspan="7">提案内容概要：</td></tr>
<tr><td>国家标准委国际部组织处经办人</td><td colspan="2"></td><td colspan="4" rowspan="3">国家标准委专业部审核：</td></tr>
<tr><td>国家标准委国际部组织处审核</td><td colspan="2"></td></tr>
<tr><td>国家标准委国际部审核</td><td colspan="2"></td></tr>
</table>

附件 6

国际标准化组织新技术工作领域申请表

<table>
<tr><td colspan="4">国家标准委签发：</td></tr>
<tr><td>提交单位</td><td colspan="3">____________（签名）
（盖章）
年　月　日</td></tr>
<tr><td>行业主管部门意见</td><td colspan="3">____________（签名）
（盖章）
年　月　日</td></tr>
<tr><td>提案拟提交的
国际标准化机构</td><td></td><td>提案报送日期</td><td></td></tr>
<tr><td colspan="4">提案标题：</td></tr>
<tr><td colspan="4">提案范围（及应用领域）：</td></tr>
<tr><td>国家标准委
国际部经办人</td><td></td><td colspan="2" rowspan="2">国家标准委国际部审核：</td></tr>
<tr><td>电话</td><td></td></tr>
<tr><td>国家标准委
专业部经办人</td><td></td><td colspan="2" rowspan="2">国家标准委专业部审核：</td></tr>
<tr><td>电话</td><td></td></tr>
</table>

附件 7

ISO/IEC 工作组专家申请表

<table>
<tr><td colspan="8">工作组基本信息</td></tr>
<tr><td colspan="4">编号：ISO/IEC TC/
SC WG/PT ______</td><td colspan="4">中文名称：
英文名称：</td></tr>
<tr><td colspan="8">专家基本信息</td></tr>
<tr><td>姓名</td><td>中文：
英文：</td><td>性别</td><td>男：□
女：□</td><td>职称</td><td>中文：
英文：</td><td>国籍</td><td></td></tr>
<tr><td>电话</td><td></td><td>传真</td><td></td><td>电子邮件</td><td></td><td>邮编</td><td></td></tr>
<tr><td colspan="2">外语水平</td><td colspan="6">____能担任口译 ____一般会话 ____能阅读 ____基本不会</td></tr>
<tr><td>工作单位</td><td colspan="7">中文：
英文</td></tr>
<tr><td>地址</td><td colspan="7">中文
英文：</td></tr>
<tr><td colspan="8">个人简历：</td></tr>
<tr><td colspan="8">声明：
我了解并愿意遵守有关国际标准化工作的管理规定，在此做如下承诺：
1. 履行 ISO/IEC 专家职责，积极参与相关的标准化活动，在工作中不做有损国家利益的事情；
2. 定期向技术对口单位/标准化主管单位汇报有关活动的情况，传递相关信息、资料；
3. 当个人情况（单位、联系方式、专家身份等）有任何变化时，及时向技术归口单位/标准化主管单位通报。

签名：　　　　　　　　　　　　　　　　　　单位签章</td></tr>
<tr><td colspan="8">工作组基本信息</td></tr>
<tr><td colspan="4">技术对口单位意见：

（盖章）　年　月　日</td><td colspan="4">国家标准委意见：

（盖章）　年　月　日</td></tr>
</table>

附件 8

参加 ISO 和 IEC 会议报名表

<table>
<tr><td colspan="6">参会代表基本信息</td></tr>
<tr><td>姓名</td><td>中文：
英文：</td><td>性别</td><td>男：□
女：□</td><td>职务和职称</td><td>中文：
英文：</td></tr>
<tr><td>电话</td><td>+86 -</td><td>传真</td><td>+86 -</td><td>电子邮箱</td><td></td></tr>
<tr><td rowspan="2">工作单位</td><td colspan="5">中文：</td></tr>
<tr><td colspan="5">英文：</td></tr>
<tr><td rowspan="2">地址
（包括邮编）</td><td colspan="5">中文：</td></tr>
<tr><td colspan="5">英文：</td></tr>
<tr><td colspan="6">是否为建议代表团团长：□ 是　　□ 否</td></tr>
<tr><td colspan="6">参加 ISO/IEC 的技术机构基本信息</td></tr>
<tr><td colspan="3">编号：□ ISO / □ IEC /TC/SC　WG/PT</td><td colspan="3">中文名称：
英文名称：</td></tr>
<tr><td colspan="3">秘书处联系人：</td><td colspan="3">联系邮箱：</td></tr>
<tr><td colspan="3">会议主办方和联系人：</td><td colspan="3">联系人邮箱：</td></tr>
<tr><td colspan="6">参加 ISO/IEC 的技术机构名称（中英文）及编号</td></tr>
<tr><td colspan="6">□ ISO　　□ IEC
TC/SC 编号及名称：
WG/PT/PG 编号及名称：</td></tr>
</table>

续表

<table>
<tr><td colspan="2">声明：

我了解并愿意遵守国家有关国际标准化工作的管理和外事规定，在此做如下承诺：
1. 按时、全程参加注册的会议，不出现缺席现象；
2. 参加会议时，按统一的参会预案对外工作，不擅自发表与国家统一技术口径不一致的个人意见；
3. 积极、认真做好参会的各项工作，并在会议结束一个月内将参会工作总结尽快向国内技术对口单位（国内技术对口单位需向国家标准委）报送。

承诺人签名：</td></tr>
<tr><td>参会代表单位意见：

（盖章）　年　月　日</td><td>国内技术对口单位意见：

（盖章）　年　月　日</td></tr>
</table>

附件 9

ISO/IEC 技术机构主席申请表

年　　月　　日

拟申请的国际标准组织	□ ISO □ IEC	拟承担的职务	□ 主席 □ 副主席
拟申请的技术机构名称（中英文）及编号			
推荐主席人选姓名		性别	
职 务		联系电话	
电子邮箱		传真	
推荐主席人选英语水平			
所在单位名称			
推荐单位名称			
申请人工作简历：【请同时填写 ISO、IEC 新 TC/SC 主席通报表（英文），并附英文简历】			
推荐单位意见： 负责人：　　（签名、盖公章） 年　月　日			
本单位意见： 负责人：　　（签名、盖公章） 年　月　日			
国家标准委意见			
国际合作部意见：		专业部意见：	

附件 10

ISO/IEC 技术机构秘书处申请表

年　月　日

拟申请的国际标准组织	□ ISO □ IEC	拟承担的职务	□ 秘书 □ 联合秘书
拟申请的技术机构名称（中英文）及编号			
申请承担秘书处单位名称			
推荐秘书人选姓名		性 别	
职 务		联系电话	
电子邮箱		传 真	
推荐秘书人选英语水平			
申请承担秘书处单位参与国际标准化工作情况简介：			
推荐秘书人选简历：（同时附英文个人简历）			
申请单位意见： 负责人：　　（签名、盖公章） 年　月　日			
国家标准委意见：			
国际合作部意见：		专业部意见：	

国家标准英文版翻译出版工作管理暂行办法

发布机构：国家质量技术监督局
发布日期：1998.04.22
生效日期：1998.04.22

第一条 为适应对外贸易、经济、技术交流与合作的需要，做好国家标准英文版翻译出版工作，特制定本暂行办法。

第二条 国家标准英文版翻译出版工作主要安排强制性国家标准（其中，等同采用 ISO、IEC 和其他国际组织标准的国家标准，原则上不安排）。符合下述条件的国家标准优先列入英文版翻译出版计划：

1. 涉及国家安全；
2. 防止欺诈行为；
3. 保护人身健康和安全；
4. 动、植物生命或健康；
5. 保护环境；
6. 国际贸易及经济、技术交流需要的重要标准。

第三条 国家标准英文版的翻译出版工作由国家质量技术监督局标准化部门统一管理。

第四条 国家标准英文版翻译出版工作，根据需要分批、分期组织实施。

第五条 未列入国家标准英文版翻译计划的标准，有关单位愿意自筹经费承担标准的翻译工作，经国家质量技术监督局标准化部门审查同意后，列入经费自筹国家标准英文版翻译出版计划。

第六条 国家标准英文版翻译出版工作的程序及要求：

1. 国家标准英文版翻译出版计划项目的立项建议，原则上由各有关标准化技术委员会或技术归口单位提出，由国家质量技术监督局标准化部门审定。其他单位或个人也可以向国家质量技术监督局标准化部门提出翻译出版有关国家标准英文版的建议。

2. 国家标准英文版计划项目确定后，由国家质量技术监督局标准化部门直接向标准化技术委员会或技术归口单位下述任务，下述方式按本办法第七条规定执行。

3. 国家标准英文版的翻译工作由原起草该项国家标准的标准化技术委员会、技术归口单位具体负责组织实施。

4. 国家标准英文版的翻译工作必须坚持忠实原文的原则。翻译工作承担单位应确保英文版本的内容与中文版国家标准一致。翻译工作承担单位如果在翻译过程中发现国家标准的技术内容有误或出现印刷错误，应及时向标准化技术委员会或技术归口单位及其上级主管部门报告，由标准化技术委员会或技术归口单位及其上级主管部门按照《国家标准管理办法》的规定，以标准修改通知单方式，报国家质量技术监督局批准后，方可按照修改后的内容进行翻译，同时要在出版前言中予以说明。

5. 国家标准英文版翻译文稿经审校无误后，由标准化技术委员会或技术归口单位组织专家对其进行技术审查。

6. 经审查通过的英文版国家标准，由标准化技术委员会或技术归口单位直接行文（格式见附件 2）报送国家质量技术监督局标准化部门，上报时须附带以下材料：

a. 国家标准文本（或复印件）一份；

b. 国家标准英文译本三份、电子格式文本一份（3.5 英寸软盘，Word 7.0 格式）；

c. 审查会议纪要及与会专家名单各一份。

第七条　国家标准英文版翻译工作任务的下达，采取国家质量技术监督局标准化部门与承担单位、标准化技术委员会或技术归口单位三方签定合同或其他方式进行。

第八条　国家标准英文版的编写格式必须符合《国家标准英文版编辑出版有关规定》的要求。（在标准首页加入英文版出版说明。文本上不注明翻译者、审查者的姓名）

第九条　国家质量技术监督局标准化部门对上报的英文版标准进行程序审查；通过后，批复上报单位，并在有关新闻媒体上公告国家标准英文版出版信息。

第十条　国家标准英文版的出版要求按照 GB/T1《标准化工作导则》

的规定执行。

第十一条 国家标准英文版由标准审批部门确定的正式出版单位出版。

第十二条 根据上级主管部门的授权或同标准审批部门签定的合同，标准英文版的出版单位享有标准英文版的专有出版权。

第十三条 国家标准英文版与国家标准中文版在技术上出现异议时，以中文版为准。

第十四条 国家标准英文版出版后，出版单位应按照有关规定及时向上级主管部门和翻译单位赠送样本。

第十五条 本规定由国家质量技术监督局标准化部门负责解释。

第十六条 本规定自发布之日起实施。

附件： 1. 国家标准英文版计划项目表（略）

2. 报批国家标准英文版公文格式（略）

关于规范使用国家标准和行业标准代号的通知

发布机构：国家质量技术监督局
发布日期：1999.08.24
生效日期：1999.08.24

国务院有关部门，各省、自治区、直辖市技术监督局，各全国专业标准化技术委员会：

国务院机构改革以后，国务院各部门的设置及其职能都作了较大调整。为加强标准化工作管理，规范使用国家标准、行业标准代号，提高标准化工作的有效性，更好地为国民经济建设服务，根据《中华人民共和国标准化法》和《中华人民共和国标准化法实施条例》的有关规定，以及国务院赋予我局统一管理全国标准化工作的职责，现将中华人民共和国国家标准、行业标准代号予以重新公布，请你们在标准、文件和出版物中引用有关标准时，正确使用标准代号。为维护法律的权威性和政令的严肃性，避免标准代号混乱造成的不良影响和后果，凡未经我局依法批准公布的标准代号不得使用。

特此通知。

附件：

中华人民共和国国家标准和行业标准代号

中华人民共和国国家标准和行业标准代号

一、中华人民共和国国家标准代号

GB—强制性国家标准代号

GB/T—推荐性国家标准代号

二、中华人民共和国行业标准代号

序号	行业标准名称	行业标准代号	主管部门
1	农业	NY	农业部
2	水产	SC	农业部
3	水利	SL	水利部
4	林业	LY	国家林业局
5	轻工	QB	国家轻工业局
6	纺织	FZ	国家纺织工业局
7	医药	YY	国家药品监督管理局
8	民政	MZ	民政部
9	教育	JY	教育部
10	烟草	YC	国家烟草专卖局
11	黑色冶金	YB	国家冶金工业局
12	有色冶金	YS	国家有色金属工业局
13	石油天然气	SY	国家石油和化学工业局
14	化工	HG	国家石油和化学工业局
15	石油化工	SH	国家石油和化学工业局
16	建材	JC	国家建筑材料工业局
17	地质矿产	DZ	国土资源部
18	土地管理	TD	国土资源部
19	测绘	CH	国家测绘局

20	机械	JB	国家机械工业局
21	汽车	QC	国家机械工业局
22	民用航空	MH	中国民航管理总局
23	兵工民品	WJ	国防科工委
24	船舶	CB	国防科工委
25	航空	HB	国防科工委
26	航天	QJ	国防科工委
27	核工业	EJ	国防科工委
28	铁路运输	TB	铁道部
29	交通	JT	交通部
30	劳动和劳动安全	LD	劳动和社会保障部
31	电子	SJ	信息产业部
32	通信	YD	信息产业部
33	广播电影电视	GY	国家广播电影电视总局
34	电力	DL	国家经贸委
35	金融	JR	中国人民银行
36	海洋	HY	国家海洋局
37	档案	DA	国家档案局
38	商检	SN	国家出入境检验检疫局
39	文化	WH	文化部
40	体育	TY	国家体育总局
41	商业	SB	国家国内贸易局
42	物资管理	WB	国家国内贸易局
43	环境保护	HJ	国家环境保护总局
44	稀土	XB	国家计发委稀土办公室
45	城镇建设	CJ	建设部
46	建筑工业	JG	建设部
47	新闻出版	CY	国家新闻出版署
48	煤炭	MT	国家煤炭工业局
49	卫生	WS	卫生部
50	公共安全	GA	公安部
51	包装	BB	中国包装工业总公司

52	地震	DB	国家地震局
53	旅游	LB	国家旅游局
54	气象	QX	中国气象局
55	外经贸	WM	对外经济贸易合作部
56	海关	HS	海关总署
57	邮政	YZ	国家邮政局

注：行业标准分为强制性和推荐性标准。表中给出的是强制性行业标准代号，推荐性行业标准的代号是在强制性行业标准代号后面加“/T”，例如农业行业的推荐性行业标准代号是NY/T。

国家质量技术监督局
一九九九年八月二十四日

关于印发《标准出版管理办法》的通知

技监局政发〔1997〕118号

各省、自治区、直辖市技术监督局、新闻出版局、国务院有关行政主管部门标准化机构、各有关出版社：

为了加强对标准出版活动的管理，保护标准出版单位的合法权益，保护知识产权，国家技术监督局和国家新闻出版署联合制定了《标准出版管理办法》，现印发给你们，请认真贯彻执行。

国家技术监督局
新闻出版署
一九九七年八月八日

标准出版管理办法

第一条 为了加强标准出版活动的管理，保护知识产权，根据第一条《中华人民共和国标准化法》、《中华人民共和国标准化法实施条例》、《出版管理条例》和国家有关出版管理规定，制定本办法。

第二条 在中国境内从事标准出版活动，适用本办法。本办法所称标准，是指国家标准、行业标准和地方标准。

本办法所称标准出版活动，包括标准出版物（包括纸质文本、电子文本）的出版、印制（印刷或复制）、发行。

第三条 标准必须由国务院出版行政部门批准的正式出版单位出版。

国家标准由中国标准出版社出版；工程建设、药品、食品卫生、兽药和环境保护国家标准，由国务院工程建设、卫生、农业、环境保护等主管部门根据出版管理的有关规定确定相关的出版单位出版，也可委托中国标准出版社出版。

行业标准由国务院有关行政主管部门根据出版管理的有关规定确定相关的出版单位出版，也可由中国标准出版社出版。

地方标准由省、自治区、直辖市标准化行政主管部门根据出版管理的有关规定确定相关的出版单位出版。

第四条 标准的正式说明和解释，由标准的审批部门组织编写，并按本办法第三条的有关规定由有关的出版单位出版，其他任何单位和个人不得编写和出版。

第五条 根据上级主管部门的授权或同标准审批部门签订的合同，标准的出版单位享有标准的专有出版权。

第六条 标准出版合同应当符合国家出版管理规定。出版合同包括以下基本内容：

（一）标准的专有出版权；

（二）标准的载体型式、文种；

（三）发行范围；

（四）交稿要求；

（五）出版周期、质量要求；

（六）出版费用；

（七）义务与权利；

（八）违约责任。

第七条 任何单位或个人以经营为目的，以各种形式复制标准的任何部分，必须事先征得享有专有出版权单位的书面同意。

任何单位或个人将标准的任何部分存入电子信息网络用于传播，必须事先征得享有专有出版权单位的书面同意。

出版单位出版标准汇编时，必须事先征得享有专有出版权单位的书面同意。

第八条 非正式审批或发布的标准，任何单位不得以任何形式出版发行。

第九条 经审批、发布的标准，在送交出版单位出版时，需附有标准审批部门的正式批文或发布文。出版稿的内容应当符合《标准化工作导则》（GB/T1）的规定。

第十条 标准出版后，出版单位应当按照有关规定及时向有关标准化技术委员会或有关技术归口单位赠送样本。

第十一条 标准发行应当遵守国务院出版行政部门的有关规定。

第十二条 违反本办法第三条、第四条、第五条、第七条、第八条、第十一条规定的，按下列有关规定处理：

（一）未经批准，擅自设立标准出版单位或者擅自从事标准的出版、印刷或者经营性复制、发行、传播业务的，予以取缔，没收非法出版物和从事非法活动的专用工具、设备以及违法所得，并处违法所得2倍以上10倍以下的罚款；构成犯罪的，依法追究刑事责任。

（二）盗印、盗制标准的，没收非法出版物和违法所得，并处违法所得3倍以上10倍以下的罚款；情节严重的，责令停业整顿或者依据《出版管理条例》吊销许可证；构成犯罪的，依法追究刑事责任。

（三）印刷或者复制单位未取得印刷或者复制合法手续而印刷或者经营性复制标准的，发行单位和个人发行未署出版单位名称的标准的，没收出版物和违法所得，可以并处违法所得5倍以下的罚款；情节严重的，责令停业整顿或者依据《出版管理条例》吊销许可证。

（四）伪造、假冒标准出版单位名称出版或复制标准的，依照《中华人民共和国标准化法》、《中华人民共和国标准化法实施条例》和《出版管理条例》予以取缔，没收非法出版物和违法所得，并处违法所得3倍以上5倍以下的罚款。构成犯罪的，依法追究刑事责任。

（五）侵犯标准出版单位合法权益的，依法承担民事责任。

第十三条 本办法中涉及的行政处罚，由国务院出版行政部门或者省、自治区、直辖市出版行政部门决定。吊销许可证的处罚，由原发证部门决定。

第十四条 根据国际标准化组织（ISO）和国际电工委员会（IEC）的授权，由国务院标准化行政主管部门负责组织翻译或认可的ISO/IEC标准、技术报告、国际标准草案（DIS）、委员会草案（CD）等正式文件的出版发行按本办法执行。

由国际标准化组织（ISO）认可的其他国际标准化组织制定的标准及其各种正式文件的出版发行参照本办法执行。

上述出版物均由中国标准出版社出版。

第十五条 本办法由国家技术监督局和国家新闻出版署解释。

第十六条 本办法自发布之日起施行。

关于印发《ISO 和 IEC 标准出版物版权保护管理规定（试行）》的通知

各省、自治区、直辖市和计划单列市质量技术监督局，各省、自治区、直辖市标准化研究院（所），国务院各有关部门、行业协会、集团公司，国家标准委机关各部门，中国标准化研究院、中国标准出版社、中国标准化协会、中国物品编码中心、全国组织机构代码管理中心，各直属标准化技术委员会、ISO/IEC 国内技术对口组织，各有关标准化科研单位：

《ISO 和 IEC 标准出版物版权保护管理规定（试行）》已经国家标准委主任办公会审议通过，现印发你们，请遵照执行。

附件：ISO 和 IEC 标准出版物版权保护管理规定（试行）

附件 1：ISO/IEC 出版物类型

附件 2：ISO/IEC 出版物版权保护技术措施

附件 3：ISO/IEC 出版物版税

二○○七年一月十五日

附件：

ISO和IEC标准出版物版权保护管理规定（试行）

第一章 总 则

第一条 为了保护国际标准化组织（ISO）和国际电工委员会（IEC）（以下简称ISO/IEC）标准出版物的版权，充分利用ISO/IEC的工作成果，根据《中华人民共和国标准化法》、《中华人民共和国著作权法》及ISO/IEC的有关规定，制定本规定。

第二条 本规定适用于在中国境内对ISO/IEC标准出版物的复制、销售、翻译出版和使用的行为。

第三条 ISO/IEC标准出版物有纸质、电子等形式。包括：

（一）ISO/IEC标准；

（二）ISO/IEC标准衍生品；

（三）ISO/IEC期刊等产品；

（四）合作出版物。

标准出版物具体类型列表见附件1。

第四条 复制是指出于商业目的，以复印、打印、翻拍、拷贝、扫描、下载等方式将ISO/IEC标准制作一份或者多份的行为。

销售是指将ISO/IEC标准出版物进行出售的行为。

翻译出版是指将ISO/IEC标准出版物翻译成中文后形成的文稿进行编辑、印刷和发行的行为。

使用是指我国标准化技术机构在制修订国家标准和进行标准化科研活动中使用ISO/IEC标准的行为。

第五条 国家标准化管理委员会统一管理ISO/IEC标准出版物的版权保护工作。

ISO/IEC标准出版物的复制与销售统一纳入国家标准化网络信息服务平台并经国家标准化管理委员会授权有关单位负责管理。

未经国家标准化管理委员会授权，任何单位和个人不得擅自对 ISO/IEC 标准出版物进行复制、销售、翻译出版和使用。

第六条 经授权从事 ISO/IEC 标准出版物复制、销售、翻译出版、使用的机构应履行以下义务：

（一）不得将复制、销售、翻译出版、使用权利进行转让。

（二）应通过指定的渠道获得 ISO/IEC 标准出版物，不得使用非法复制件或用非法复制件进行复制、销售、翻译出版。

（三）不得泄漏在工作中获取的访问 ISO/IEC 中央文件库的用户名和密码。

（四）复制、销售、翻译出版、使用 ISO/IEC 标准出版物的内容应与 ISO/IEC 标准出版物的原件保持一致。

（五）应采取必要的措施保护 ISO/IEC 标准出版物的版权。具体措施见附件 2。

（六）应按时缴纳版税。版税的计算根据 ISO/IEC 的有关规定执行，见附件 3。

（七）应保护 ISO/IEC 有关标识。

第二章 复制与销售

第七条 ISO/IEC 标准的复制，价格应考虑其成本、适当的利润以及国内有关价格规定。

第八条 向跨国公司提供 ISO/IEC 标准出版物的复制服务，要严格遵守多国版权使用协议（MCEA）和 ISO/IEC 的相关规定。

第九条 ISO/IEC 标准出版物的销售价格应依据 ISO/IEC 公布的目录价确定。

第十条 从事标准文献的收集、借阅服务的标准情报机构、科技情报机构和图书馆等，可以向读者提供 ISO/IEC 标准出版物的阅览服务，不得向读者提供复制、销售服务。

第三章 翻译出版

第十一条 ISO/IEC 标准出版物的翻译参照《国家标准英文版翻译出

版工作管理暂行办法》和ISO导则47《ISO出版物译文表示》执行，并保证翻译准确无误。

第十二条 ISO/IEC标准出版物译文的发行工作，应当遵守国家有关规定。

第十三条 ISO/IEC标准出版物译文的出版价格由出版机构在考虑上缴给ISO/IEC的版税后，按国家的有关规定执行。

第十四条 中国标准出版社负责ISO/IEC标准出版物译文的出版发行工作。

第十五条 ISO/IEC标准出版物译文出版后，中国标准出版社应按照有关规定及时向国家标准化管理委员会和翻译机构赠送样书或电子光盘。

第四章 使 用

第十六条 经国家标准化管理委员会许可，标准化技术机构在制修订国家标准和进行有关标准化科研活动时，可以免费使用、复制、翻译已获得的ISO/IEC标准，但不得进行任何以商业为目的的活动。

第十七条 经许可免费使用ISO/IEC标准的标准化技术机构，每年应向国家标准化管理委员会提供标准使用状况的清单。

第十八条 本规定所称标准化技术机构是指：

（一）全国专业标准化技术委员会；

（二）ISO/IEC国内技术对口组织；

（三）承担国家标准制修订任务的有关单位。

第十九条 在使用ISO/IEC标准活动结束后，标准文本的管理依据《标准档案管理办法》执行。

第五章 法律责任

第二十条 经授权从事ISO/IEC标准出版物复制、销售、翻译出版的机构擅自将业务转让给他人的，取消其复制、销售、翻译出版ISO/IEC标准出版物的资格。造成严重后果的，依法追究其相应的法律责任。

第二十一条 经授权从事ISO/IEC标准出版物复制、销售、翻译出版的机构没有采取必要的措施，致使ISO/IEC标准出版物被第三人非法复制、销售、翻译出版的，该机构应承担相应的责任。

第二十二条 标准化技术机构在使用 ISO/IEC 标准过程中，因管理不当致使 ISO/IEC 标准版权受到侵害的，该标准化技术机构承担相应的责任。

第二十三条 经授权从事 ISO/IEC 标准出版物复制、销售、翻译出版的机构未按规定缴纳版税的，责令其限期缴纳，逾期仍未缴纳的，取消其复制、销售、翻译出版 ISO/IEC 标准出版物的资格。

第二十四条 未经国家标准化管理委员会授权，擅自对 ISO/IEC 标准出版物进行复制、销售、翻译出版的机构和个人，责令其停止复制、销售、翻译出版活动。

第二十五条 对违反规定的，国家标准化管理委员将通过行政的或者法律的途径予以处理，并追缴有关费用。

第六章 附 则

第二十六条 对其他国家和国际组织有关标准出版物的复制、销售、翻译出版的管理参照本规定执行。

第二十七条 本规定由国家标准化管理委员会负责解释。

第二十八条 本规定自发布之日起施行。

附件 1：

ISO/IEC 出版物类型

类型	① ISO/IEC 标准	② ISO/IEC 标准衍生品	③ ISO/IEC 期刊等产品	④ 联合出版物
定义	按照 ISO 或 IEC 导则规定，在 ISO/IEC 的技术活动范围内制定的可交付出版物。	由单个 ISO 或 IEC 标准衍生或组成的出版物。	由 ISO 或 IEC 出版，用于向用户及公众传递信息的产品和期刊。	由 ISO 或 IEC 与某一团体联合发行的出版物；ISO/IEC 与其成员为了实施特定协议，通过 ISO/IEC 网站发行的其他国际组织和标准制定组织的出版物。

续表

类型	① ISO/IEC 标准	② ISO/IEC 标准衍生品	③ ISO/IEC 期刊等产品	④ 联合出版物
举例	—标准草案 ·工作草案（WD） ·委员会草案（CD） ·国际标准草案（DIS） ·最终国际标准草案（FDIS） —标准 ·标准（IS） ·可公开提供的规范（PAS） ·技术规范（TS） ·技术报告（TR） ·技术趋势评估（TTA） ·ISO/IEC 指南 ……	·标准手册 ·简编 ·标准汇编 ……	·宣传手册 ·ISO/IEC 期刊 ·年度报告 ·战略计划 ……	

附件2：

ISO/IEC 出版物版权保护技术措施

一、纸质出版物

（一）应在复制件的边缘标注明显的复印时间、地点、复制机构等相关信息。

（二）应在复印件上加盖授权复制专用章。

二、电子出版物

（一）通过网络销售或分发时，应采取数字权管理技术。能够：

1. 控制用户下载打印的行为，包括控制文件下载打印的种类、数量、时间；

2. 控制文件下载到特定的计算机上，并控制存储在该计算机上的时间；

3. 自动记录登录用户名称、登录次数、时间，所浏览文件的名称、次数、时间。

（二）应在每个电子出版物首页出示版权声明。

用于商业目的的版权声明：

> **版权声明**
>
> 本文件依法受版权保护，未经授权，不得复制、销售和翻译出版。违者必究。

用于免费使用的版权声明：

> **版权声明**
>
> 本文件依法受版权保护，禁止用于任何商业目的的复制、销售和翻译出版行为。违者必究。

附件3：

ISO/IEC 出版物版税

行为类别	出版物类别	版税	
		ISO	IEC
复制	标准	目录价的 30%	目录价或协议价的 40%
	标准草案	净收入的 30%	目录价的 30%
	标准衍生品、期刊等产品、合作出版物	不允许复制	
销售	各类出版物	按 ISO、IEC 原版出版物销售规定进行	

续表

行为类别	出版物类别	版　　税	
		ISO	IEC
翻译出版	标准、标准草案、标准衍生品	目录价的 20%	
	ISO 期刊、合作出版物	不允许翻译出版	
使　用	标准	免 费	免费（PAS，仅当 IEC 版权许可时才可以免费使用）
	标准草案	免 费	
	标准衍生品、期刊等产品、合作出版物	不免费使用	

注：1. 目录价是 ISO、IEC 网站或 ISO、IEC 现行标准目录中标示的价格。

2. 协议价是根据目录价、电子出版物网络用户数量等因素确定的价格。

财政部、质检总局、国家标准委关于印发《国家标准制修订经费管理办法》的通知

财行［2007］29号

国务院有关部委、有关直属机构，各省、自治区、直辖市、计划单列市质量技术监督局，新疆生产建设兵团质量技术监督局，有关行业协会，有关中央管理企业，各直属标准化技术委员会：

为规范和加强国家标准制修订经费的管理，提高资金使用效益，保证国家标准制修订任务的完成，现将《国家标准制修订经费管理办法》印发给你们，请遵照执行。

附件：

国家标准制修订经费管理办法

二〇〇七年二月十二日

国家标准制修订经费管理办法

第一章　总　　则

第一条　为规范和加强国家标准制修订经费（以下简称标准经费）的管理，提高资金使用效益，保证国家标准制修订任务的完成，根据国家有关财务制度规定，制定本办法。

第二条 标准经费是指中央财政设立的用于补助国家标准制修订工作的专项经费。

标准经费由国家质量监督检验检疫总局（以下简称质检总局）归口管理，国家标准化管理委员会（以下简称国家标准委）组织实施。各有关部门和单位的具体管理职责如下：

（一）财政部负责标准经费年度预算的审核、批复，对标准经费使用情况进行监督检查，逐步建立标准经费的绩效评价制度；

（二）质检总局负责标准经费年度预算的组织编制、审查、上报、预算的批复和经费的下达，对标准经费的使用情况进行监督检查；

（三）国家标准委负责提出标准经费年度预算方案，组织实施年度经费预算，对项目承担单位项目执行情况和经费使用情况进行监督检查；

（四）项目承担单位负责国家标准计划项目的实施，落实配套经费，接受监督检查，按照要求报送项目实施情况和经费使用情况。

第三条 标准经费的管理和使用应当遵循下列原则：

（一）科学安排，整合协调。应当按照国家标准制修订项目的内容和工作程序，明确和规范经费支出范围，科学合理安排经费，保障国家标准制修订工作有效开展。统筹协调和有效整合各项制修订国家标准资金，避免经费分散使用。

（二）突出重点，分类支持。标准经费重点用于制修订强制性国家标准和基础类、通用方法类、公益类推荐性国家标准，原则上实行成本补助，项目承担单位应当保证落实相应的配套资金。制修订产品类推荐性国家标准主要实行定额补助，并逐步转向市场，由企业和社会出资承担。

（三）专款专用、追踪问效。标准经费应当纳入项目承担单位财务统一管理，单独核算，专款专用。标准经费的管理和使用要建立面向结果的追踪问效机制。

第四条 国家标准任务承担单位一般为相关行业、部门、标准化技术委员会、科研院所、大专院校、检测机构和企业等。制修订国家标准应当依托国内相关产业、行业和企业，充分发挥协会、中介组织以及科研机构的作用。

第二章 标准经费的使用范围

第五条 标准经费用于国家标准制修订及相关工作。标准经费的使用范围包括：

（一）国家标准的前期论证及预研；

（二）国际标准和国外先进标准的购置、翻译和跟踪采用；

（三）国家标准的起草、征求意见、试验验证等；

（四）国家标准样品的研复制；

（五）国家标准的技术审查、审批、发布和公告；

（六）强制性国家标准文本的印制和信息发布；

（七）国家标准的宣传、推广和英文版翻译；

（八）国家标准复审；

（九）行业标准、地方标准备案；

（十）与国家标准制修订直接相关的其他工作。

第六条 标准经费的开支项目包括资料费、设备费、试验验证费、差旅费、会议费、劳务费、专家咨询费、公告费、印刷费、宣传推广费、其他费用等。各项具体开支如下：

（一）资料费：制修订国家标准过程中需要支出的书刊、资料、复印等费用以及购置的国际标准、国外先进标准和目录等文本或软件资料等必须支出的费用。

（二）设备费：制修订国家标准过程中购置或租赁试验仪器设备而发生的费用。

（三）试验验证费：制修订国家标准中必须进行的试验、验证所发生的能源、材料、低值易损耗品的购置费用及测试费用。

（四）差旅费：制修订国家标准过程（包括技术审查、技术协调和审核、复审）中，按规定支出的交通费、住宿费、伙食补助费、公杂费等费用。

（五）会议费：制修订国家标准过程中为了进行论证、研讨、协调而召开有关会议，按规定开支的房租费、伙食补助费、会议场地和仪器设备租用费、会议文件资料印刷费等。

（六）劳务费：按规定支付给参加国家标准的起草、汇总整理、审核、翻译等方面的人员的劳务性费用，劳务费不得支付给参与标准经费及其项目管理的相关工作人员。

（七）专家咨询费：国家标准草案在审定过程中支付给临时聘请的咨询专家的费用，专家咨询费不得支付给参与标准经费及其项目管理的相关工作人员。

（八）公告费、印刷费：国家标准审批完成后进行公告和印制时所发生的费用。

（九）宣传推广费：对涉及面广、影响较大的国家标准，为推动其实施所发生的费用。

（十）其它费用：指与国家标准制修订直接相关的，除上述支出以外的其他支出。

第三章　项目及预算审批程序

第七条　制修订国家标准计划项目按照统一规划的原则，实行公开征集制度。

行业标准化主管部门（含行业协会、集团公司）、全国专业标准化技术委员会、省级标准化主管部门根据国民经济和社会发展的需要，向国家标准委申报制修订国家标准的项目建议。

项目建议申报书应当按规定格式填报，主要包括制修订国家标准项目的经费预算数额和来源构成等。

第八条　国家标准委根据当年的国家标准计划立项条件，对制修订国家标准项目建议申报书进行审查、征求意见、协调和汇总，形成年度制修订国家标准计划项目。

第九条　质检总局、国家标准委根据年度国家标准制修订计划项目，依据标准性质、类别及实际需要，考虑完成项目时间年限，编制年度经费预算方案，纳入质检总局部门预算，上报财政部。

第十条　财政部结合国家标准制修订任务、目标和国家财力情况，对制修订国家标准年度经费预算方案进行审核并批复。

第十一条　质检总局、国家标准委根据财政部批复的年度预算，下达国家标准制修订项目计划和项目经费。标准经费原则上应当直接下达到项目承担单位。

未列入年度国家标准制修订计划的项目不予安排经费。

第十二条　行业标准化主管部门（含行业协会、集团公司）、全国专业标准化技术委员会、省级标准化主管部门应当及时将制修订国家标准项目计划和经费预算下达到项目承担单位（含起草单位），并做好计划执行的监督检查工作。

第四章　标准经费的使用和管理

第十三条　国家标准的制修订周期原则上不应当超过三年。按照财政国库管理制度有关规定和项目实施进度，分标准立项、审查、批准等环节拨付标准经费。

第十四条　项目承担单位应当按照下列要求对标准经费进行使用与管理：

（一）项目承担单位应当根据制修订国家标准计划，制定项目实施计划，并严格组织管理；

（二）标准经费的使用与管理，应当严格执行国家有关财务制度规定，合理安排，节约使用，保证专款专用；

（三）标准经费要与配套资金统筹安排，单独立项核算；

（四）项目完成后，项目承担单位应当按照要求及时向国家标准委报送标准经费使用报告及项目完成情况的总结报告；

（五）结余资金，按照国家有关规定执行。

第十五条　制修订国家标准过程中涉及政府采购的项目，按照政府采购有关规定执行。

第十六条　计划项目一经批准，项目承担单位不得自行调整。执行过程中，如计划项目需要调整的，应当提出申请，按程序报批。

第十七条　项目被撤销或中止的，国家标准委视情况收回部分或全部标准经费，并向质检总局备案。

第十八条　如不能按时完成任务的，项目承担单位应当及时书面报告国家标准委，经批准后方可延期。

第十九条　质检总局、国家标准委对项目的实施过程和完成情况进行绩效考评。

第五章　检查、监督与罚则

第二十条　项目承担单位应当对项目进展情况和资金使用情况进行自查，发现有违反财经纪律、财务制度和本办法的，应当及时予以纠正。

凡跨年度项目，项目承担单位应当于每年年底前将自查结果形成书面材料报国家标准委。

第二十一条 财政部、质检总局、国家标准委对标准经费使用情况进行定期或不定期的监督检查。

第二十二条 任何单位和个人不得截留或挪用标准经费。截留或挪用标准经费的，按照有关规定处理。

第六章 附 则

第二十三条 本办法由财政部、质检总局、国家标准委负责解释。

第二十四条 本办法自颁布之日起施行，原《国家标准制修订项目经费管理暂行规定》（国质检财［2004］130号）同时废止。

关于对备案的行业标准、地方标准实行公告制度的通知

发布机构：国家质量技术监督局
发布日期：1999. 12. 28
生效日期：1999. 12. 28

各省、自治区、直辖市及计划单列市质量技术监督（技术监督）局，国务院有关部门：

为加强行业标准、地方标准的备案和信息的统一管理工作，及时、准确地向社会提供行业标准、地方标准的制修订和备案情况信息，我局决定，从2000年1月1日起，对经我局审查并准予备案的行业标准、地方标准实行公告制度，现就有关事宜通知如下：

一、根据《中华人民共和国标准化法》、《中华人民共和国标准化法实施条例》、《行业标准管理办法》和《地方标准管理办法》的有关规定，各部门、各地方在行业标准、地方标准批准发布30日内，应到国家质量技术监督局申请备案。

二、准予备案的行业标准、地方标准赋备案号。其备案号必须印在正式出版的行业标准、地方标准封面上。

三、经我局备案的行业标准、地方标准目录以“中华人民共和国行业标准备案公告”和“中华人民共和国地方标准备案公告”的形式发布（式样见附件1、2）。

“公告”发送各省、自治区、直辖市及计划单列市质量技术监督（技术监督）局，国务院有关部门，并同时在《中国标准化》杂志上刊登。

“公告”每一个月发布一次。

四、有关行业标准、地方标准备案公告事宜联系人：

国家标准技术审查部胡红军，电话：（010）64921041

附件 1

中华人民共和国行业标准备案公告（略）

附件 2

中华人民共和国地方标准备案公告（略）

国家质量技术监督局

一九九九年十二月二十八日

关于加强国家标准报批工作的通知

标委办计划〔2006〕52号

国务院各有关部门、行业协会、集团公司，各全国专业标准化技术委员会，中国标准化研究院，中国标准出版社，中国标准化协会，国家标准技术审查部：

随着标准化工作的快速发展和“国家标准制修订工作管理信息系统”的启用，我国标准化管理形成了新的工作模式。为更好地实施《标准化法》和《国家标准管理办法》等相关法律法规，规范国家标准报批文件的报送及审查工作，现对国家标准报批工作提出以下要求：

一、国家标准报批要求

（一）凡报批的国家标准必须是列入国家标准制、修订计划的项目。

（二）报批国家标准，必须报送电子文件及纸质文件，并且应确保纸质文件和电子文件的一致性。

（三）应通过“国家标准制修订工作管理信息系统”上报国家标准电子文件，纸质文件应在电子文件提交并确认“已上报的标准项目”在“审查部”状态后，送国家标准技术审查部。

（四）国家标准化管理委员会国家标准技术审查部对报送的国家标准报批文件进行审查，报送单位应给予积极配合。对存在问题的国家标准报批稿，国家标准技术审查部将根据具体情况通知报送单位，报送单位应在15个工作日内予以解决。对于存在问题较多或报送单位15个工作日内未予答复的国家标准，退回报送单位。电子文件同时退回。

（五）国家标准报批稿中的技术内容不得随意改动。

二、纸质文件要求

（一）纸质国家标准报批稿应图文清晰、文稿整洁、页码齐全、装订无误，便于审查和可供出版。若报批稿中个别处需作修改时，只可使用蓝色或黑色墨水笔。

（二）纸质文件报送应使用C4号（9号）档案袋包装。每项标准单独装袋。档案袋正面应粘贴“国家标准报批文件清单”（见附件）。

三、报送地址及联系方式

（一）电子文件报送

在国家标准化管理委员会网站（http：//www.sac.gov.cn）“国家标准制修订工作管理信息系统”中进行。

（二）纸质文件报送

国家标准技术审查部

北京海淀区知春路4号507房间

邮政编码：100088

联系电话：010－58811490

传　真：010－5881475

电子邮件：fangjj@cnis.gov.cn

附件：国家标准报批文件清单

二〇〇六年六月九日

附件：

国家标准报批文件清单

计划项目编号			
计划项目名称			
报批国家标准名称			
序号	报批文件	份数	备注
1	国家标准报批公文	1	每项标准 1 份
2	国家标准申报单	2	
3	国家标准报批稿	4	
4	编制说明	2	
5	审查会议纪要或函审结论 （附参加会议人员名单或函审单）	2	
6	征求意见汇总处理表	2	
7	采用国际标准或国外先进标准的原文和译文	1	各 1 份
8	强制性标准中、英文通报表	1	各 1 份

国家质量技术监督局关于印发《关于强制性标准实行条文强制的若干规定》的通知

质技监局标发〔2000〕36号

各省、自治区、直辖市质量技术监督（技术监督）局，国务院各有关部门，各直属标准化技术委员会：

为使我国的标准化工作适应社会主义市场经济发展的需要，并逐步与国际惯例接轨，根据《中华人民共和国标准法》的有关规定，在充分征求地方和部门意见的基础上，我局组织制定了《关于强制性标准实行条文强制的若干规定》，现予以公布。自公布之日起实施。

国家质量技术监督局
2000年2月22日

关于强制性标准实行条文强制的若干规定

为使我国的标准化工作适应社会主义市场经济发展的需要，并逐步与国际惯例接轨，根据《中华人民共和国标准化法》有关规定，对强制性标准的范围和内容进行规范，制定本规定。

一、使用范围

本规定适用于强制性国家标准、强制性行业标准和强制性地方标准。

二、强制性标准的形式

强制性标准可分为全文强制和条文强制两种形式：

1. 标准的全部技术内容需要强制时，为全文强制形式；

2. 标准中部分技术内容需要强制时，为条文强制形式。

三、强制性内容的范围

1. 有关国家安全的技术要求；

2. 保障人体健康和人身、财产安全的要求；

3. 产品及产品生产、储运和使用中的安全、卫生、环境保护、电磁兼容等技术要求；

4. 工程建设的质量、安全、卫生、环境保护要求及国家需要控制的工程建设的其他要求；

5. 污染物排放限值和环境质量要求；

6. 保护动植物生命安全和健康的要求；

7. 防止欺骗、保护消费者利益的要求；

8. 国家需要控制的重要产品的技术要求。

四、强制性标准的表述方式

1. 对于全文强制形式的标准，在“前言”的第一段以黑体字写明：“本标准的全部技术内容为强制性。”

2. 对于条文强制形式的标准，应根据具体情况，在标准“前言”的第一段以黑体字并采用下列方式之一写明：

当标准中强制性条文比推荐性条文多时，写明：“本标准的第×章、第×条、第×条……为推荐性的，其余为强制性的”；

当标准中强制性条文比推荐性条文少时，写明：“本标准的第×章、第×条、第×条……为强制性的，其余为推荐性的”；

当标准中强制性条文与推荐性条文在数量上大致相同时，写明：“本标准的第×章、第×条、第×条……为强制性的，其余为推荐性的。”

3. 标准的表格中有部分强制性技术指标时，在“前言”中只说明“表X的部分指标强制”，并在该表内采用黑体字，用“表注”的方式具体说明。

五、强制性标准的编写方法

1. 强制性标准的编写方法按 GB/T 1 系列标准的规定；

2. 标准中的同一个条中不应同时出现强制性内容和推荐性内容（用表格方式表达技术指标的情况除外）。

六、本规定自发布之日起施行

七、本规定由国家质量技术监督局负责解释

关于印发《关于加强强制性标准管理的若干规定》的通知

各省、自治区、直辖市质量技术监督局，国务院各有关部门，各直属标准化技术委员会：

为了适应社会主义市场经济发展和促进国际贸易的需要，加强强制性标准的管理，我委制定了《关于加强强制性标准管理的若干规定》，自发布之日起施行。现印发给你们，请遵照执行。

请你们将本《规定》尽快转发至各标准化技术委员会和标准起草单位，并请认真组织实施。

附件：《关于加强强制性标准管理的若干规定》

二〇〇二年二月二十四日

附件：

关于加强强制性标准管理的若干规定

第一条 为了适应社会主义市场经济发展和促进国际贸易的需要，加强强制性标准的管理，根据《中华人民共和国标准化法》、《中华人民共和国标准化法实施条例》和有关标准化规章的规定，制定本规定。

第二条 本规定所指的强制性标准包括要求全文强制执行或部分条文强制执行的强制性国家标准、强制性行业标准和强制性地方标准。

第三条 强制性国家标准应贯彻国家的有关方针政策、法律、法规，主要以保障国家安全、防止欺骗、保护人体健康和人身财产安全、保护动植物的生命和健康、保护环境为正当目标。

第四条 强制性标准或强制条文的内容应限制在下列范围：

（一）有关国家安全的技术要求；

（二）保护人体健康和人身财产安全的要求；

（三）产品及产品生产、储运和使用中的安全、卫生、环境保护等技术要求；

（四）工程建设的质量、安全、卫生、环境保护要求及国家需要控制的工程建设的其它要求；

（五）污染物排放限值和环境质量要求；

（六）保护动植物生命安全和健康的要求；

（七）防止欺骗、保护消费者利益的要求；

（八）维护国家经济秩序的重要产品的技术要求。

第五条 强制性标准由政府部门审定、批准并发布。强制性国家标准由国务院部际强制性国家标准审定委员会审定，由国务院标准化行政主管部门批准、发布。

第六条 标准化主管部门应确定固定的媒体（报刊或网站）用于向国内外通报和咨询强制性标准工作，并公开媒体的名称。

第七条 各有关政府部门、标准化技术委员会、企事业单位或个人均可按本规定第四条的范围向标准化主管部门提出强制性标准项目提案。

在提出强制性标准项目提案时，应提供项目草案和“制修订强制性标准项目建议书”（见附件1）。

第八条 标准化主管部门确定强制性标准项目计划后，应在指定的媒体上通报项目计划的信息。

第九条 起草单位应按《强制性标准编写规定》的要求起草强制性标准，并按计划要求按时完成起草工作，起草过程中要向标准化主管部门报告项目进展情况。

第十条 起草强制性标准时，起草单位应编写“编制说明”。“编制说明”包括以下内容：

（一）工作简况，包括任务来源、协作单位、主要工作过程、主要起草人及其所做的工作等；

（二）标准编制原则和确定标准主要内容（如技术指标、参数、公式、性能要求、试验方法、检验规则等）的依据；

（三）国外相关法律、法规和标准情况的说明；

（四）与我国有关现行法律、法规和其他强制性标准的关系；

（五）重大意见分歧的处理结果和依据；

（六）强制的理由，预期的社会经济效果；

（七）贯彻强制性标准的要求、措施建议及设立标准实施过渡期的理由；根据国家经济、技术政策需要和该标准涉及的产品的技术改造难度等因素提出标准的实施日期的建议；

（八）废止现行有关标准的建议；

（九）其他应予说明的事项。

第十一条 起草强制性标准时，如果已有或有即将制定完成的相应的国际标准，应以这些国际标准作为基础，但要考虑我国的基本气候、地理因素和基本的技术问题等因素。

第十二条 强制性标准可包括贯彻强制性标准的要求和措施（包括组织措施、技术措施、过渡办法等内容）和标准所涉及的产品目录。

第十三条 在起草过程中，若需改变强制性标准的适用范围、强制内容或终止项目等，应立即报请标准化主管部门批准。

第十四条 起草单位在起草强制性标准过程中应广泛征求各方面的意见。

第十五条 强制性标准的审查必须采用会议审查程序。

强制性标准送审稿的审查应由技术委员会按《全国专业标准化技术委员会章程》采用会议审查程序进行技术审查。未成立技术委员会的，应成立审查组采用会议审查程序进行技术审查，审查组应由有关的政府机构、生产、贸易、检验、科研机构、消费者及用户等相关的各方代表组成，人数不少于十二人。

第十六条 强制性标准报批稿报标准化主管部门审批。

报批强制性标准时应提供英文摘要和“强制性标准通报表”（见附件2）。其它有关强制性标准报批要求按《关于报批国家标准的若干要求》执行。

第十七条 标准化主管部门应将与贸易有关的强制性标准报批稿刊登在有关媒体上，向国内外公开征求意见，期限一般为两个月。

第十八条 标准化主管部门经修改后将报批稿交强制性标准审查机构进行审查。

第十九条 强制性标准审查机构重点就强制的必要性、强制范围、与现行法律法规的关系、实施措施及过渡期等内容进行审查，并作出通过、取消或调整为推荐性标准等审查结论。

第二十条 标准化主管部门根据审查结论批准发布强制性标准。

强制性标准的批准、发布实行公告制度，并在指定的媒体上刊登已批准发布的强制性标准的有关信息。

第二十一条 强制性标准的发布和实施日期之间应留出足够的时间。如有必要，可设置强制性标准的实施过渡期。

第二十二条 强制性标准实施后，应定期进行复审，复审周期不应超过五年。

第二十三条 强制性标准复审的技术审查工作由标准化技术委员会承担，并应采用会议审查程序。复审结束后，应写出复审报告，内容包括：复审简况和继续有效、修改、修订、废止的复审结论。标准化主管部门根据复审结论作出复审结果，并及时向社会公布复审结果。

第二十四条 标准化主管部门要根据复审结果及时安排有关强制性标准的修改、修订工作。

附表（略）

附件1：制订强制性标准项目建议书（略）

附件2：强制性标准通报表（略）

关于印发《全国专业标准化技术委员会管理规定》的通知

国标委办〔2009〕3号

各省、自治区、直辖市及计划单列市、副省级市、新疆生产建设兵团质量技术监督局，国务院各有关部门、行业协会、集团公司，委内各部门，中国标准化研究院，中国标准出版社，中国标准化协会，各直属全国专业标准化技术委员会：

为进一步加强全国专业标准化技术委员会的管理，提高国家标准制修订工作质量，根据《中华人民共和国标准化法》和《中华人民共和国标准化法实施条例》的有关规定，制定了《全国专业标准化技术委员会管理规定》，现印发你们，请遵照执行。2004年3月2日印发的《全国专业标准化技术委员会管理办法》即行废止。

国家标准化管理委员会
二〇〇九年一月二十二日

全国专业标准化技术委员会管理规定

为加强全国专业标准化技术委员会（以下简称技术委员会）的管理，科学公正开展各专业技术领域的标准化工作，根据《中华人民共和国标准化法》、《中华人民共和国标准化法实施条例》等有关规定，制定本规定。

一、管理职责

（一）国家标准化管理委员会（以下简称国家标准委）统一规划、协调、组建和管理技术委员会，履行下列职责：

1. 统一规划技术委员会；

2. 协调和决定技术委员会的组建、换届、撤销等管理事项；

3. 监督检查技术委员会的工作；

4. 直接管理综合性、基础性和涉及部门较多的技术委员会；

5. 组织技术委员会相关人员的培训；

6. 其它与技术委员会管理有关的职责。

（二）国务院有关行政主管部门、具有行业管理职能的行业协会、集团公司受国家标准委委托，分工管理本部门、本行业的技术委员会，履行下列职责：

1. 提出本部门、本行业技术委员会规划、组建和管理建议；

2. 组织或者参与本部门、本行业技术委员会的组建、换届和监督检查等工作；

3. 指导本部门、本行业技术委员会的国家标准立项、报批以及国际标准化等业务工作；

4. 协调本部门、本行业技术委员会的工作；

5. 推荐本部门、本行业专家参加技术委员会；

6. 定期向国家标准委报告本部门、本行业技术委员会的工作情况；

7. 其它与技术委员会管理有关的职责。

（三）省、自治区、直辖市人民政府标准化行政主管部门受国家标准委委托，协助国家标准委管理本行政区域内的技术委员会，履行下列职责：

1. 组织或者参与国家标准委委托的技术委员会的组建、换届和监督检查等工作；

2. 为本行政区域内技术委员会开展工作创造条件；

3. 推荐本行政区域内专家参加技术委员会；

4. 定期向国家标准委报告协助管理的技术委员会的工作情况；

5. 其它与技术委员会管理有关的职责。

二、技术委员会工作职责

技术委员会是在一定专业领域内，从事国家标准的起草和技术审查等标准化工作的非法人技术组织，应当科学合理、公开公正、规范透明、独立自主地开展工作。其工作职责包括：

1. 分析本专业领域标准化的需求，研究提出本专业领域的国家标准发展规划、标准体系、国家标准制修订计划项目和组建分技术委员会的建议；

2. 按国家标准制修订计划组织并负责本专业领域国家标准的起草和技术审查工作；

3. 对所组织起草和审查的国家标准的技术内容和质量负责；

4. 负责本专业领域国家标准的复审工作，提出国家标准继续有效、修订或者废止的建议；

5. 参与强制性国家标准的对外通报、咨询和国外技术法规的跟踪及评议工作；

6. 受国家标准委的委托，负责国家标准起草人员的培训，开展本专业领域内国家标准的宣讲、解释工作；

7. 对本专业领域国家标准的实施情况进行调查研究，对存在的问题及时向国家标准委提出处理意见，并向国务院有关行政主管部门、具有行业管理职能的行业协会、集团公司及时通报有关情况；

8. 根据国家标准委的有关规定，承担本专业领域的国际标准化工作；

9. 建立和管理国家标准立项、起草、征求意见、技术审查、报批等相关工作档案；

10. 每年至少召开一次全体委员会工作会议。及时向国家标准委、国务院有关行政主管部门、具有行业管理职能的行业协会、集团公司报告工作，每年1月15日前应当报上年度工作报告和《全国专业标准化技术委员会20××年度工作报表》（附件1）。由省、自治区、直辖市人民政府标准化行政主管部门协助管理的技术委员会应当同时向省、自治区、直辖市人民政府标准化行政主管部门报送年度工作报告；

11. 负责管理分技术委员会，国家标准委另有规定的，按国家标准委有关规定执行；

12. 承担国家标准委、国务院有关行政主管部门、具有行业管理职能的行业协会、集团公司以及省、自治区、直辖市人民政府标准化行政主管部门委托的其它工作；

分技术委员会工作职责参照技术委员会工作职责执行。

三、技术委员会的组建

（一）组建原则及条件

1. 技术委员会组建应当遵循市场需要、科学合理、公开公正、国际接轨的原则。

2. 组建技术委员会应当符合以下条件：

（1）涉及的专业领域为国民经济和社会发展的重要领域；

（2）专业领域和标准体系框架明确，有较多的国家标准制修订任务；

（3）业务范围清晰，与其它技术委员会原则上无业务交叉；

（4）专业领域原则上应当与国际标准化组织/国际电工委员会（ISO/IEC）及其认可的其它国际组织已设立的技术领域相对应。

3. 技术委员会设秘书处，负责日常工作。秘书处承担单位应当符合下列条件：

（1）在我国境内依法设立的法人组织；

（2）有较强的技术实力和影响力；

（3）有标准化专业技术人员和专职工作人员；

（4）有开展工作所需的资金和办公条件，有依照有关法律法规设置的会计机构及具有会计从业资格的财会人员；

（5）能够将秘书处工作纳入本单位工作规划和日常工作；

（6）国家标准委规定的其它条件。

（二）组建程序

技术委员会的组建程序应当包括提出筹建申请、公示、批复筹建、筹建、批复成立。

1. 国务院有关行政主管部门、具有行业管理职能的行业协会、集团公司以及省、自治区、直辖市人民政府标准化行政主管部门可以单独或者联合向国家标准委提出技术委员会的筹建申请，并报送《全国专业标准化技术委员会筹建申请书》（附件2）；

2. 拟筹建的技术委员会由国家标准委对外公示，公示期为1个月；

3. 对符合要求并协调一致的筹建申请，国家标准委予以书面批复，明确技术委员会的名称、专业领域、对口的国际组织、筹建单位、秘书处承担单位。对无法协调一致，但经济社会发展确需组建的，由国家标准委组织有关专家进行论证，根据论证结果决定并予以批复；

4. 筹建单位应当在6个月内完成技术委员会的委员征集、组成方案拟定、标准体系表建议等工作，并报送组建方案。组建方案应当包括：

（1）技术委员会章程草案，应当规定工作原则、范围、任务、程序，秘书处职责，组成人员、顾问、观察员的条件和职责，经费管理等；

（2）秘书处工作细则草案，应当规定工作原则、组成人员条件和职责、会议制度、文件制度、档案制度、财务制度等；

（3）标准体系表草案、工作规划；

（4）《技术委员会登记表》（附件3）；

（5）《技术委员会委员登记表》（附件4）。

两个以上单位联合筹建的，牵头单位负责组织协调并主动征求参与单位的意见和建议，负责报送组建方案；参与单位应当配合牵头单位做好相关工作。

5. 国家标准委负责组建方案的审查，符合要求的予以书面批复；不符合要求的，责成筹建单位在规定期限内调整；调整仍不符合要求的，国家标准委可以更换筹建单位、秘书处承担单位，也可撤销该技术委员会的筹建；

6. 筹建单位应当在国家标准委批复成立后30天内启动技术委员会的工作。

（三）其它规定

1. 专业领域较宽的技术委员会可以组建分技术委员会。分技术委员会的组建参照技术委员会的组建执行。由国家标准委直接管理的技术委员会可直接提出分技术委员会的筹建申请。

2. 根据工作需要，技术委员会、分技术委员会可以组建承担某项具体国家标准起草任务的标准制定工作组，工作完成后工作组自动撤销。

3. 技术委员会的顺序号由国家标准委统一编注。技术委员会、分技术委员会代号分别为TC×××、TC×××/SC××。

4. 技术委员会、分技术委员会及其秘书处的印章由国家标准委统一制发。

四、技术委员会的组成

（一）委员

1. 技术委员会由委员组成，设主任委员和副主任委员。技术委员会的委员应当具有广泛的代表性，可以来自企业、科研机构、检测机构、高等院校、政府部门、行业协会、消费者等。

2. 委员应当具备如下条件：

（1）具有中级以上（含中级）专业技术职称，或者具有与中级以上专业技术职称相对应的职务；

（2）熟悉并愿意从事标准化工作，具有相关领域的专业知识；

（3）在我国境内依法设立的法人组织任职的人员；

（4）技术委员会章程规定的其它条件。

主任委员、副主任委员应当具有高级工程师以上专业技术职称，或者具有与高级工程师以上专业技术职称相对应的职务。

技术委员会的委员人选应当公开征集并由国家标准委对外公示。对无异议的委员人选，由国家标准委审核批准，技术委员会聘任。委员聘书由国家标准委统一规定。

3. 委员在本技术委员会内有表决权，并有权获得所在技术委员会的资料和文件。

委员应当积极参加技术委员会的活动，履行以下职责：

（1）参加标准制修订工作，提出国家标准立项、起草、技术审查等方面的意见和建议；

（2）监督主任委员、副主任委员、秘书长、副秘书长及秘书处的工作；

（3）监督技术委员会秘书处经费的使用；

（4）参加国家标准委及技术委员会组织的培训；

（5）技术委员会章程规定的其它职责。

4. 技术委员会和分技术委员会的委员应当为单数，分别不少于25人和15人，其中主任委员1名，秘书长1名。技术委员会副主任委员和副秘书长各不超过5名，分技术委员会副主任委员和副秘书长各不超过3名。

分技术委员会的主任委员或者秘书长应当是技术委员会的委员。

主要负责组织起草产品类国家标准的技术委员会，来自企业的委员不得少于1/3。同一单位在同一技术委员会任职的委员不得超过3名，主任委员和秘书长原则上不得来自同一单位，主任委员和副主任委员不得来自同一单位，秘书长和副秘书长不得来自同一单位。

同一人不得在三个以上技术委员会担任委员。

标准化行政管理机关工作人员不得在技术委员会、分技术委员会和标准制定工作组担任委员等任何职务。

（二）秘书处

技术委员会秘书处设秘书长、专职秘书，可以设副秘书长。秘书长、副秘书长由委员兼任。秘书长原则上应当是秘书处承担单位技术专家。副秘书长可以由相关单位技术专家担任。

秘书处在主任委员和秘书长领导下负责技术委员会日常工作，具体职责和工作制度由技术委员会章程和秘书处工作细则规定。

技术委员会秘书处可以由两个以上单位联合承担。秘书处工作由主要承担单位牵头负责。

（三）顾问和观察员

1. 根据工作需要，技术委员会可以设顾问（不超过 5 人），顾问应当为本专业领域的专家或者学者，由技术委员会聘任，无表决权。

2. 根据工作需要，技术委员会可以设观察员，无表决权。观察员由技术委员会批准，报国家标准委备案。观察员条件由该技术委员会的技术委员会章程规定。

（四）联络员

1. 专业领域相关的技术委员会应当互派委员作为联络员。联络员可以参加其负责联络的技术委员会的活动，无表决权。

2. 国家标准委、国务院有关行政主管部门、具有行业管理职能的行业协会、集团公司及省、自治区、直辖市人民政府标准化行政主管部门应当有专人与技术委员会保持联系。

（五）换届

1. 技术委员会每届任期不得超过 5 年。届满前 6 个月，由国家标准委公布即将换届的技术委员会名单。

技术委员会应当在任期届满前 3 个月，按照职责分工，由有关单位提出并报送以下换届材料：

（1）换届申请书；

（2）《技术委员会登记表》（附件 3）；

（3）《技术委员会委员登记表》（附件 4）；

（4）新一届技术委员会章程、秘书处工作细则、工作计划等。

国家标准委按照技术委员会应当履行的职责对换届申请进行审核，对符合要求的，批复准予换届；对不符合要求的，根据情况，可以作出限期调整换届方案或者对技术委员会限期整改、重新组建、调整秘书处承担单位、暂停、撤销等处理。

2. 根据工作需要，经全体委员表决，技术委员会可以提出增补、解聘委员，调整委员职务等建议，并报国家标准委批准，原则上每年不得超过一次。

（六）分技术委员会的组成参照技术委员会的组成执行。

五、工作程序

（一）表决制度

1. 技术委员会应当在全体委员充分协商的基础上，实行主任委员领导下的集体表决制度。

2. 下列事项应当由秘书处负责形成提案，提交全体委员表决：

（1）技术委员会章程和秘书处工作细则；

（2）工作计划；

（3）本专业领域标准体系表；

（4）国家标准制修订立项建议；

（5）国家标准草案技术审查；

（6）委员和机构的调整建议；

（7）工作经费的预、决算及执行情况；

（8）技术委员会章程规定应当表决的其它事项。

提案应当获得全体委员 3/4 以上同意，方为通过。

（二）标准制修订工作程序

1. 技术委员会提出的国家标准制修订立项建议经国务院有关行政主管部门、具有行业管理职能的行业协会、集团公司审核同意后，由国务院有关行政主管部门、具有行业管理职能的行业协会、集团公司报国家标准委。国家标准委直接管理的技术委员会，直接向国家标准委报送国家标准制修订立项建议。

分技术委员会和标准制定工作组向技术委员会提出国家标准制修订立项建议，技术委员会按规定程序上报国家标准委。

分技术委员会和技术委员会的主管部门不一致的，由技术委员会将国家标准制修订立项建议报送分技术委员会的主管部门，并抄送技术委员会的主管部门。由分技术委员会的主管部门将立项建议报送国家标准委。

2. 标准主要起草单位或者标准制定工作组承担标准起草工作，在调查研究、试验验证的基础上，提出标准征求意见稿，经技术委员会主任委员同意，由起草单位向有关行业部门、协会以及相关生产、销售、科研、检测和用户等单位广泛征求意见。征求意见时间一般为一个月。

3. 标准主要起草单位或者标准制定工作组根据征求意见情况，修改国家标准征求意见稿并形成标准送审稿，经主任委员同意后，采取会议或者函审方式，由秘书处组织提交全体委员审查，有全体委员的四分之三以上同意，方为通过。对强制性国家标准以及技术、经济和社会意义重大，涉及面广，分歧意见较多的国家标准送审稿应当进行会议审查。秘书处应当至少在审查前半个月，将标准送审稿送达全体委员。

会议审查时未出席会议，也未说明意见者，以及函审时未按规定时间投票者，按弃权计票。

对有分歧意见的标准或者条款，秘书处应当完整保存不同意见的材料。

秘书处应当将审查标准的投票情况和不同意见的材料以书面形式记录在案，作为标准审查意见说明的附件。

4. 标准主要起草单位或者标准制定工作组根据审查意见对标准草案进行修改，按要求提出标准草案报批稿及其附件，经秘书处复核，主任委员或者其委托的副主任委员审核后按《国家标准管理办法》规定的报批程序办理。

5. 分技术委员会负责的国家标准草案征求意见、技术审查和报批程序参照技术委员会的工作程序执行。

分技术委员会审查通过的标准报批稿还应当报技术委员会秘书处，由技术委员会秘书处按规定的报批程序办理。技术委员会对分技术委员会审查通过的标准报批稿，有权提出复议和修改意见。

6. 国家标准制修订的其它程序按照有关规定执行。

（三）其它工作程序

技术委员会、分技术委员会承担的国际标准化等其它工作的工作程序，按照有关规定执行。

六、经费

（一）经费来源

技术委员会、分技术委员会的工作经费主要来自以下几方面：

1. 国家标准制修订补助经费；

2. 国务院有关行政主管部门、具有行业管理职能的行业协会、集团公司以及地方政府等提供的经费；

3. 秘书处承担单位提供的经费；

4. 委员和观察员按技术委员会章程交纳的费用；

5. 开展本专业领域标准化的咨询、服务等工作的收入；

6. 其它合法经费来源。

技术委员会、分技术委员会不得采取摊派、有偿署名等各种巧立名目的方式收取不合理费用。

（二）经费支出

技术委员会、分技术委员会的工作经费主要用于以下几个方面：

1. 编写、审查国家标准草案；

2. 召开会议；

3. 秘书处开展日常工作；

4. 参与国际标准化活动；

5. 与职责相关的其它工作。

（三）经费管理

1. 国家标准制修订补助经费按照财政部有关规定进行列支。任何单位和个人不得截留或者挪用国家标准制修订补助经费。技术委员会、分技术委员会秘书处承担单位应当接受国家标准委对国家标准制修订补助经费使用情况的监督检查，应当接受审计机关的审计。截留或者挪用国家标准制修订补助经费的，按照有关规定处理。

2. 技术委员会、分技术委员会秘书处承担单位应当严格按照国家有关财务制度的规定，将技术委员会、分技术委员会的工作经费纳入单位财务统一管理，单独核算，确保专款专用。技术委员会、分技术委员会秘书处根据财务制度的相关规定对经费进行管理。经费的预、决算应当由技术委员会、分技术委员会审定，秘书处执行。秘书处应当每年向全体委员报告经费收支情况。

七、监督检查

（一）监督职责

1. 国家标准委、国务院有关行政主管部门、具有行业管理职能的行业协会、集团公司和省、自治区、直辖市人民政府标准化行政主管部门对技术委员会负有监督职责，对其进行定期、不定期的检查。

国务院有关行政主管部门、具有行业管理职能的行业协会、集团公司以及省、自治区、直辖市人民政府标准化行政主管部门应当将其受托管理的技术委员会的监督检查情况及处理建议报国家标准委。

2. 技术委员会应当建立内部监督检查制度，加强自律管理，接受管理单位和社会的监督。

技术委员会应当定期对分技术委员会和标准制定工作组进行监督检查，并负责其提交的年度工作报告的审查。

（二）社会监督

任何单位和个人对技术委员会、委员和秘书处违反本规定的行为，可以向国家标准委、国务院有关行政主管部门、具有行业管理职能的行业协会、集团公司及省、自治区、直辖市人民政府标准化行政主管部门举报，国家标准委、国务院有关行政主管部门、具有行业管理职能的行业协会、集团公司及省、自治区、直辖市人民政府标准化行政主管部门应当及时调查。国务院有关行政主管部门、具有行业管理职能的行业协会、集团公司和省、自治区、直辖市人民政府标准化行政主管部门应当将调查处理建议报国家标准委，由国家标准委作出处理决定。

（三）表彰和奖励

国家标准委对做出突出成绩的技术委员会及承担单位和个人予以表彰和奖励。

（四）限期整改

技术委员会违反本规定，有下列情形之一的，国家标准委责令其限期整改，并予以公布：

1. 起草的国家标准重要技术内容错误或者内容不明确引起歧义的；

2. 起草的国家标准文本严重不符合《标准化工作导则》等相关要求的；

3. 不按规定程序制修订国家标准的；

4. 不存在无法预见、避免和克服的情况，未按计划完成国家标准制修订和复审任务、对口国际标准化工作的；

5. 对分技术委员会及其它单位报送的应当申报国家标准制修订项目的建议故意压制，不予申报的；

6. 对分技术委员会和标准制定工作组管理上失察的；

7. 不按规定使用和管理工作经费的；

8. 存在其它违规行为，情节较轻的。

限期整改期间，国家标准委不再向其下达新的工作任务。

（五）重新组建

技术委员会违反本规定，有下列情形之一的，由国家标准委重新组建，并予以公布：

1. 排斥利益竞争者参与国家标准制修订活动、为少数利益相关方谋取不正当利益，严重影响国家标准制修订的公正、公开、公平的；

2. 在工作中有弄虚作假行为的；

3. 长期无法正常开展工作的；

4. 在限期内未整改或者整改不符合要求的；

5. 存在其它重大违法违规行为的。

技术委员会重新组建参照组建相关要求进行。重新组建期间，该技术委员会停止活动。

（六）调整秘书处承担单位

技术委员会秘书处违反本规定，有下列情形之一的，国家标准委对秘书处承担单位进行调整，并予以公布：

1. 对秘书处工作支持不力，或者秘书处工作不力，致使技术委员会无法正常开展工作的；

2. 利用技术委员会工作为本单位或者利益相关方谋取不正当利益的；

3. 违反规定使用技术委员会经费，逾期未改正的；

4. 存在其它重大违规行为的。

秘书处承担单位提出不再承担秘书处工作的，也可以进行调整。秘书处承担单位的调整参照技术委员会组建相关要求执行。

（七）暂停

2 年内没有国家标准制修订和国际标准化工作任务的技术委员会，国家标准委可以暂停其工作。

暂停工作期间，技术委员会停止一切活动。因工作需要，经相关主管部门申请和国家标准委批准，暂停工作的技术委员会可以恢复工作。

（八）撤销

有下列情形之一的技术委员会，国家标准委予以撤销：

1. 标准质量出现严重问题的，或者连续整改达不到要求的；
2. 因工作不负责任，标准内容出现重大错误，造成严重后果的；
3. 连续 3 年没有国家标准制修订和国际标准化工作任务的；
4. 本专业领域标准制修订工作需求很少或者没有需求的；
5. 其它原因。

被撤销的技术委员会的工作并入国家标准委指定的技术委员会。

（九）委员解聘

有下列情形之一的委员，由技术委员会报国家标准委批准后予以解聘：

1. 未履行国家标准委规定和技术委员会章程规定的职责的；
2. 利用委员身份为本人或者他人谋求不正当利益的；
3. 其行为使技术委员会不能正常工作的；
4. 存在其它违法违纪行为的。

（十）其它规定

技术委员会、委员和秘书处，未经授权，擅自开展需经授权或者委托的活动，国家标准委对责任人予以通报批评。造成恶劣影响的，可以解聘委员、调整秘书处承担单位、重新组建或撤消技术委员会。

分技术委员会和标准制定工作组的整改、重新组建、调整、暂停、撤销以及委员的解聘等参照技术委员会的规定执行。

附件 1：

全国专业标准化技术委员会 20×× 年度工作报表

填表时间：　　年　　月　　日

<table>
<tr><td>全国专业标准化技术委员会编号及名称</td><td colspan="3"></td></tr>
<tr><td>本届成立时间</td><td></td><td>对口国际组织</td><td></td></tr>
<tr><td>秘书处承担单位名称</td><td colspan="3"></td></tr>
<tr><td>委员数</td><td>顾问数</td><td>观察员数</td><td>联络员数</td></tr>
<tr><td></td><td></td><td></td><td></td></tr>
<tr><td rowspan="4">下设分技术委员会或标准制定工作组</td><td>编号</td><td>名称</td><td>委员数</td></tr>
<tr><td></td><td></td><td></td></tr>
<tr><td></td><td></td><td></td></tr>
<tr><td></td><td></td><td></td></tr>
</table>

续表

<table>
<tr><td>秘书处承担单位联系方式</td><td>电话</td><td></td><td>传真</td><td></td><td>电子邮箱</td><td></td></tr>
<tr><td colspan="7">本年度工作完成情况</td></tr>
<tr><td rowspan="2">1. 国家标准制订情况</td><td colspan="2">应完成项目数量</td><td colspan="4"></td></tr>
<tr><td colspan="2">实际上报项目数量</td><td colspan="2"></td><td colspan="2">占　　%</td></tr>
<tr><td rowspan="2">2. 国家标准复审情况</td><td colspan="2">应复审项目数量</td><td colspan="4"></td></tr>
<tr><td colspan="2">实际完成复审项目数量</td><td colspan="2"></td><td colspan="2">占　　%</td></tr>
<tr><td rowspan="2">3. 参加或承担国际标准制订情况</td><td colspan="2">参加国际标准制订数量</td><td colspan="4"></td></tr>
<tr><td colspan="2">承担国际标准制订数量</td><td colspan="4"></td></tr>
<tr><td rowspan="2">4. 国际标准提案审议工作完成情况</td><td colspan="2">应完成国际标准投票数量</td><td colspan="4"></td></tr>
<tr><td colspan="2">实际完成国际标准投票数量</td><td colspan="2"></td><td colspan="2">占　　%</td></tr>
<tr><td>5. 参加国际会议等其它国际标准化活动情况</td><td colspan="6"></td></tr>
<tr><td>6. 秘书处承担单位的经费投入情况</td><td colspan="6">万元</td></tr>
<tr><td>7. 召开会议情况（举办会议名称及规模）</td><td colspan="6"></td></tr>
<tr><td colspan="7">8. 完成制订标准清单（含国际标准）</td></tr>
<tr><td>标准编号</td><td colspan="6">名称</td></tr>
<tr><td></td><td colspan="6"></td></tr>
<tr><td></td><td colspan="6"></td></tr>
<tr><td></td><td colspan="6"></td></tr>
<tr><td></td><td colspan="6"></td></tr>
<tr><td></td><td colspan="6"></td></tr>
<tr><td colspan="7">9. 正在制订标准清单（含国际标准）</td></tr>
<tr><td>项目编号</td><td colspan="3">名称</td><td colspan="3">所处阶段</td></tr>
<tr><td></td><td colspan="3"></td><td colspan="3"></td></tr>
<tr><td></td><td colspan="3"></td><td colspan="3"></td></tr>
</table>

续表

10. 完成复审标准清单		
标准编号	名称	复审结论
11. 标准宣贯情况（包括举办培训班次数和培训人数）		
12. 机构调整及人员变更情况		
13. 全国专业标准化技术委员会领导意见 主任委员：（签名，盖全国专业标准化技术委员会印章） 年 月 日		

注：分技术委员会和标准制定工作组无需填报本表；本表填写不下时可另附页。

附件2：

编号：

全国专业标准化技术委员会筹建申请书

名　　　　　称：________________

类　　　　　别：________________（TC、SC）

申　报　单　位：________________

秘书处拟承担单位：________________

填　表　日　期：________年____月____日

一、组建全国专业标准化技术委员会的必要性（包括行业现状及其发展趋势，行业发展对标准化工作的需求，本领域国内外及国际标准化活动现状等）
二、拟负责制修订国家标准详细的专业领域（包括与国际标准组织对口建议）
三、拟负责专业领域的国家标准体系表（需提供相应领域不少于7名来自不同单位的专家对体系表的书面论证材料，并说明哪些标准由秘书处承担单位制定）
四、成立后近期工作计划（包括拟开展的国际国内标准化活动具体计划等，并列出本领域已有的并拟由本全国专业标准化技术委员会负责的国家标准计划项目和国家标准维护清单）
五、秘书处承担单位简介和相关信息（需提供获奖证书等相关证明材料）
六、全国专业标准化技术委员会初步组成方案建议

续表

七、秘书处拟承担单位意见（包括对秘书处开展工作提供的人财物保证和公平、公开、公正开展工作的承诺等） 负责人：（签名、盖公章） 年 月 日
八、申报单位意见 负责人：（签名、盖公章） 年 月 日
九、国家标准化管理委员会意见

注：本表填写不下时可另附页。

附件3：

全国专业标准化技术委员会登记表

<table>
<tr><td rowspan="2">编号及名称</td><td>SAC/TC/SC</td><td colspan="3"></td><td colspan="2" rowspan="2">对口国际组织</td><td rowspan="2"></td></tr>
<tr><td colspan="4"></td></tr>
<tr><td>本届是第几届</td><td></td><td>本届成立时间</td><td colspan="2"></td><td colspan="2">第一届成立时间</td><td></td></tr>
<tr><td>承担单位名称</td><td colspan="2"></td><td colspan="2">单位性质及组织机构代码</td><td colspan="3">1. 国有企业 2. 民营企业
3. 科研院所 4. 大专院校
5. 行业协会 6. 政府机构
7. 其他
组织机构代码：________</td></tr>
<tr><td>秘书处通信地址</td><td colspan="4"></td><td>邮政编码</td><td colspan="2"></td></tr>
<tr><td>电 话</td><td colspan="3"></td><td>电子信箱</td><td colspan="3"></td></tr>
<tr><td>传 真</td><td colspan="3"></td><td>委员数</td><td colspan="3"></td></tr>
<tr><td>顾问数</td><td colspan="3"></td><td>观察员数</td><td colspan="3"></td></tr>
</table>

续表

<table>
<tr><td rowspan="4">秘书处工作人员情况</td><td>姓名</td><td>秘书长或秘书</td><td>专兼职</td><td>职务/职称</td><td>出生年月</td><td>学历</td><td>外语语种和熟悉程度</td></tr>
<tr><td></td><td></td><td></td><td></td><td></td><td></td><td></td></tr>
<tr><td></td><td></td><td></td><td></td><td></td><td></td><td></td></tr>
<tr><td></td><td></td><td></td><td></td><td></td><td></td><td></td></tr>
<tr><td rowspan="6">下设分技术委员会或标准制定工作组</td><td colspan="2">编号</td><td colspan="3">名称</td><td colspan="2">委员数</td></tr>
<tr><td colspan="2"></td><td colspan="3"></td><td colspan="2"></td></tr>
<tr><td colspan="2"></td><td colspan="3"></td><td colspan="2"></td></tr>
<tr><td colspan="2"></td><td colspan="3"></td><td colspan="2"></td></tr>
<tr><td colspan="2"></td><td colspan="3"></td><td colspan="2"></td></tr>
<tr><td colspan="2"></td><td colspan="3"></td><td colspan="2"></td></tr>
<tr><td colspan="8">负责制修订国家标准的专业领域</td></tr>
<tr><td colspan="8">拟开展的工作内容</td></tr>
<tr><td colspan="8">秘书处承担单位意见
负责人：（签名、盖公章）
年 月 日</td></tr>
<tr><td colspan="8">全国专业标准化技术委员会意见（分技术委员会需填写此项）
负责人：（签名、盖公章）
年 月 日</td></tr>
<tr><td colspan="8">国家标准化管理委员会意见</td></tr>
</table>

附：

全国专业标准化技术委员会委员汇总表

序号	本会职务	姓名	工作单位	职务/职称	电话	E－mail

注：本表填写不下时可另附页。

附件 4：

全国专业标准化技术委员会委员登记表

全国专业标准化技术委员会编号：SAC/TC /SC

<table>
<tr><td>姓名</td><td></td><td>性　别</td><td></td><td>出生年月</td><td>年　月</td><td rowspan="5">二寸
彩色
照片</td></tr>
<tr><td>民族</td><td></td><td>本会职务</td><td colspan="3"></td></tr>
<tr><td colspan="2">参加全国专业标准化技术委员会时间</td><td colspan="4">年　　月</td></tr>
<tr><td colspan="2">技术职称及聘任时间</td><td colspan="4">年　　月</td></tr>
<tr><td>身份证号</td><td colspan="5"></td></tr>
<tr><td>工作单位</td><td colspan="2"></td><td>单位性质</td><td colspan="3">1. 国有企业 2. 民营企业 3. 科研院所 4. 大专院校 5. 行业协会 6. 政府机构 7. 外商独资企业 8. 中外合资、中外合作或外方控股企业 9. 其他</td></tr>
<tr><td>行政职务</td><td></td><td>从事专业</td><td colspan="4"></td></tr>
<tr><td>通信地址</td><td colspan="6"></td></tr>
<tr><td>邮政编码</td><td></td><td>联系电话</td><td colspan="2"></td><td>传真</td><td></td></tr>
<tr><td>电子信箱</td><td colspan="6"></td></tr>
<tr><td>毕业院校</td><td colspan="4"></td><td>所学专业</td><td></td></tr>
<tr><td>毕业时间</td><td>年　　月</td><td>学历</td><td colspan="2"></td><td>学位</td><td></td></tr>
<tr><td colspan="7">会何种外语 1. 英语 □　2. 法语 □　3. 德语 □　4. 日语 □　5. 俄语 □
6. 其他（请注明）</td></tr>
<tr><td colspan="7">外语熟练程度（　）英语（　）法语（　）德语（　）日语（　）俄语（　）其他
1. 流利 □　2. 中等 □　3. 入门 □</td></tr>
</table>

续表

有何专业技术特长	
两院院士请填写	1. □ 科学院院士 担任时间： 年 月 2. □ 工程院院士 担任时间： 年 月
曾负责组织制修订标准、主要职责	
有何发明、著作、学术论文，发表时间、发表刊物名称	
参加何种学术组织、担任何种职务	
受过何种奖励	
备注	
单位意见	负责人： （签名、盖公章） 年 月 日

注：填报此表需附两张二寸彩色照片。

国家标准委关于印发《标准互认工作程序（试行）》的通知

国标委外〔2015〕46 号

标准委各部（室），各区域标准化研究中心，各全国专业标准化技术委员会：

为加强中国标准国际化推广，推动与主要贸易国之间的标准互认，国家标准委制定了《标准互认工作程序（试行）》。现印发你们，请遵照执行。试用期间如有问题或者建议，请及时反馈国家标准委国际部。

国家标准委
2015 年 7 月 3 日

标准互认工作程序（试行）

第一条 根据国家外交外贸大局，结合“一带一路”战略规划和自贸区经济发展需要，为规范我国与其他国家和地区的标准互认工作，加快中国标准“走出去”，助推国际产能和装备制造合作，促进贸易便利化，特制定本工作程序。

第二条 我国与其他国家开展的国家标准互认工作适用本程序。我国国家标准与其他地区区域标准的互认工作参照本程序执行。

第三条 中国标准“走出去”工作推进组（以下简称推进组）、中国国家标准化管理委员会（以下简称国家标准委）相关部室、全国专业标准化技术委员会、区域标准化研究中心等在开展标准互认工作中应执行本程序。

第四条 标准互认是指国家标准委与相关国家的国家标准机构签署标准互认协议（包括含有互认条款的合作协议），并在共同感兴趣的领域，以相互确认、相互采用、联合制定的形式开展标准化活动。

第五条 标准互认类型包括：

（一）相互确认。对于双方等同采用相同国际标准的，由两国国家标准机构履行互认程序后公布互认标准的清单，确认标准内容的一致性。相互确认的标准仅限制于推荐性国家标准。

（二）相互采用。对于一方有国家标准而另一方没有相应标准，或者一方标准不适用，而产业和贸易发展又急需的，经比对研究，采用对方标准为本国的国家标准。

（三）联合制定。对于双方产业共同关注而且又没有相应的国家标准和国际标准的，两国共同指派专家成立标准化合作专家组，联合研究制定技术指标一致的国家标准。

第六条 标准互认应根据国家战略部署，结合经贸发展需求，坚持市场导向、依法有序、平等互利、合作共赢的原则。

第七条 国家标准委国际部依托国家标准委专业部和区域标准化研究中心定期征集标准互认需求，在此基础上开展互认标准需求分析，组织专家开展评估，确定重点互认国家。

第八条 国家标准委国际部与重点互认国家国家标准机构开展磋商。在达成双边共识的基础上，国家标准委与相应国家标准机构签署标准互认协议。

第九条 根据标准互认协议，面向我国各利益相关方征集拟互认标准，形成拟互认标准清单。提出拟互认标准清单的方式（包括但不限于）：

（一）依托专业部面向全国专业标准化技术委员会征集拟互认标准清单；

（二）面向重点海外工程项目承担单位和产业领军企业征集拟互认标准清单；

（三）由中外联合成立的标准化合作专家组提供拟互认标准清单。

第十条 国家标准委委托国家标准技术审评中心收集、整理并组织评审拟互认标准清单，提出互认类型建议。

第十一条 经中外双方确认后，国家标准委国际部将拟互认标准清单报推进组初审。

第十二条 经推进组初审后，对于相互确认的标准清单，直接进入公示清单环节；对于相互采用和联合制定的国家标准由相关主管部门或技术委员会提出立项申请，并按照我国国家标准制修订程序管理。

第十三条 国家标准委将拟互认标准清单在官方网站上公示。公示期满后，报国家标准委委务会审议。

第十四条 委务会审议批准后，对于相互确认的标准清单，中外双方同时公开发布；对于相互采用和联合制定的国家标准清单，在国家标准批准发布后，双方同时发布互认标准清单。中方在国家标准委门户网站发布互认标准清单。

第十五条 互认标准产生新版本时，需及时通报对方，更新互认标准清单。中方由国家标准委国际部负责通报对方。

第十六条 本程序自印发之日起实施。

国家标准委关于发布《推荐性国家标准立项评估办法（试行）》的公告

2016 年第 1 号

为贯彻落实国务院《深化标准化工作改革方案》，加强推荐性国家标准立项管理，国家标准委制定了《推荐性国家标准立项评估办法（试行）》，现予以发布，自 2016 年 3 月 28 日起实施。

特此公告。

国家标准委

2016 年 3 月 28 日

推荐性国家标准立项评估办法（试行）

第一章 总 则

第一条 为贯彻落实国务院《深化标准化工作改革方案》，加强推荐性国家标准立项管理，提高标准的科学性、系统性和协调性，从源头上确保标准质量，根据《中华人民共和国标准化法》和《中华人民共和国标准化法实施条例》制定本办法。

第二条 推荐性国家标准立项评估是指国家标准化管理委员会（以下简称“国家标准委”）组织专家对申报国家标准项目的必要性、可行性等方面进行评估的过程。

推荐性国家标准立项评估由国家标准委国家标准技术审评中心（以下简称“审评中心”）负责具体实施。

第三条 推荐性国家标准项目采取随时申报，定期评估的方式。评估结果作为批准标准立项的主要依据。

第二章　项目类型

第四条　根据标准化对象和重要程度，推荐性国家标准项目分为重大项目、基础通用项目和一般性项目。

第五条　重大项目包括：

（一）列入国家产业政策、规划、专项等国家重点支持发展的标准项目；

（二）重大科技成果转化、引导产业创新发展等方面关键核心技术标准项目；

（三）与强制性国家标准配套的标准项目；

（四）拟主导制定国际标准的标准项目；

（五）社会广泛关注的热点标准项目；

（六）具有显著社会效益和经济效益的标准项目。

第六条　基础通用项目包括：

（一）基础术语、图形符号、统计方法、分类编码等标准项目；

（二）通用方法、通用技术和通用管理（含社会管理和公共服务）标准项目；

（三）跨行业跨领域使用、量大面广的基础件、原材料、设备等产品标准项目。

第七条　一般性项目是指其他需要在全国范围内统一的标准项目。

第八条　项目类型由申报单位提出，经专家评估后报国家标准委确定。项目类型作为分配项目经费及实施相应管理措施的重要依据。

第三章　评估内容

第九条　推荐性国家标准立项评估的主要内容包括本批次申报项目的总体情况和每个项目情况。

第十条　总体情况包括：

（一）所在领域标准体系现状及缺失标准情况；

（二）所在领域对口国际标准的转化情况；

（三）申报单位国家标准计划执行情况、项目完成率，技术委员会日常工作等保障项目实施的基础情况；

（四）本批申报项目总数、领域及项目类型分布等情况。

第十一条 每个项目情况包括：

（一）该项目的必要性、可行性、适用范围，拟要解决的主要问题等；

（二）该项目的先进性、创新性和产业化情况；

（三）该项目与国际标准的一致性程度，同步制定为国际标准的可行性；

（四）该项目与现行法律法规、强制性国家标准及相关标准协调配套情况；

（五）该项目的类型建议、理由及经费预算的合理性；

（六）该项目的预期作用和效益；

（七）该项目全体委员表决情况；

（八）修订项目需说明拟修订的主要技术内容。

第四章 评估程序和要求

第十二条 审评中心对推荐性国家标准立项建议书、标准草案等申报材料的规范性、完整性和是否重复等进行初核。不符合要求的，提出意见并退回申报单位。符合要求的提交专家评估。

第十三条 审评中心组织专家评估组，召开推荐性国家标准立项评估会。评估组一般不少于五名专家，设组长一名，评估会由组长主持。

第十四条 审评中心负责建立专家数据库。专家应熟悉标准化方针政策、法律法规，国家产业政策、规划，具有丰富标准化工作经验。

第十五条 评估会议专家从专家数据库中随机产生。专家应全程参与评估工作，如果发现与本人存在利益关系的项目，应主动提出回避。

第十六条 项目申报单位按评估内容准备材料，指派人员参加评估会，介绍项目情况，回答专家评估组的质询。

第十七条 项目申报单位无故不参加评估会，按弃权处理，项目退回申报单位。

第十八条 专家评估组按要求形成项目的评估结果。评估结果分为通过、不通过两种情况。评估结果为不通过的应说明原因。审评中心将评估结果报国家标准委。

第五章　附　则

第十九条　本办法由国家标准委负责解释。

第二十条　本办法自2016年3月28日起施行。

国际标准分类法（ICS）

内容略。

中国标准文献分类法（CCS）

内容略。

民政部关于印发《民政部标准审查暂行办法》的通知

民发〔2011〕193号

各司（局），全国老龄办，各直属单位：

《民政部标准审查暂行办法》已经2011年11月10日第14次部长办公会通过，现印发给你们，请遵照执行。

二〇一一年十一月二十二日

民政部标准审查暂行办法

第一章　总　　则

第一条　为规范民政标准审查，保证民政标准质量，根据《民政部标准化工作管理暂行办法》及相关规章制度，制定本办法。

第二条　本办法适用于民政范围国家标准和行业标准的制定（修订）审查，主要包括立项、征求意见、集中审查和报批。

第三条　民政标准审查遵循过程规范、科学评判、协商一致和公开公正原则，确保标准的全面性、准确性、统一性和权威性。

第四条　各民政业务领域标准化技术委员会（简称“标委会”）为民政标准制定（修订）的技术归口机构，负责组织本业务领域标准立项申报、意见征求和集中审查等工作，配合做好标准立项审查和报批审查有关工作。

第五条 各业务司局为民政标准制定（修订）的业务指导机构，负责本业务领域标准合法性和可行性审查。未建立标委会的民政业务领域，由相应司局承担技术归口职责。

第六条 民政部标准化专家委员会（简称“专家委”）为民政标准制定（修订）的专业咨询机构，受部委托承担有关标准审查的技术性工作。

第七条 人事司为民政部标准化工作职能部门，负责归口管理民政标准审查工作。

第二章 立 项

第八条 已有标准研制基础、尚未纳入国家标准或行业标准制定（修订）计划，或拟将地方标准推荐转化为国家标准、行业标准的，可申报标准立项。

第九条 人事司定期组织国家标准、行业标准立项申报。对于工作急需且具备标准制定（修订）条件的项目，有关司局可适时申报立项。

第十条 申报标准立项，应提交以下材料：

（一）标准草案稿（或标准修订稿）；

（二）经有关司局签章的项目立项建议书；

（三）拟将地方标准推荐转化为国家标准、行业标准的，另附地方标准实施情况说明；

（四）拟全文强制执行或部分条款强制执行的国家标准、行业标准，另附法律依据或论证报告。

第十一条 人事司组织专家对申报项目进行审查。审查要点包括：

（一）制定标准的必要性；

（二）标准的名称、级别与性质；

（三）标准适用范围及社会需求程度；

（四）标准框架与内容编制的可行性；

（五）预期达到的技术水平与经济社会效益；

（六）标准起草单位及人员构成的合理性。

第十二条 通过审查的国家标准申报项目由人事司报送国家标准化管理委员会审批立项。通过审查的行业标准申报项目纳入民政标准制定（修订）计划，由人事司下达行业标准立项编号。

第三章　征求意见

第十三条　标准起草单位根据标准制定（修订）计划，形成标准征求意见稿后，报有关司局或标委会审查，通过后对外征求意见。

第十四条　申报标准征求意见，应提交以下材料：

（一）标准征求意见稿；

（二）标准起草说明及相关论证材料；

（三）征求意见对象建议名单。

第十五条　标委会和有关司局从形式和内容两方面对标准征求意见材料进行审查。审查要点包括：

（一）征求意见材料是否齐全与规范；

（二）标准编写格式是否符合 GB/T 1.1《标准化工作导则 第 1 部分：标准的结构和编写》等国家标准要求；

（三）标准内容是否符合法律法规及政策规定、专业技术要求与民政工作实际；

（四）征求意见范围是否充分并具代表性。

第十六条　标准征求意见稿通过审查后，以标委会或有关司局名义对外征求意见；未通过审查的，应将意见反馈标准起草单位，由其补充完善后重新送审。征求意见应遵循以下原则：

（一）标准征求意见的范围应涵盖标准化对象所涉及的管理、服务、生产、科研、教学等有关单位；

（二）征求意见单位不少于 30 家，征求意见时间原则上不少于一个月。涉及对象数量多、社会关注度高的标准，应在民政门户网站上公开征求意见；

（三）标准起草单位负责收集整理意见并编制标准征求意见汇总处理表，对未采纳或部分采纳的意见应注明理由。对涉及敏感或有重大争议的，应及时研究与协商。

第四章　集中审查

第十七条　标准征求意见完成后，标准起草单位将以下材料提交标委会或有关司局集中审查。

（一）标准送审稿；

（二）标准编制说明；

（三）标准征求意见汇总处理表及相关说明材料。

第十八条 对于技术内容复杂、涉及面广、意见分歧较大的标准，集中审查前应进行预审。预审由标委会或有关司局自行开展。预审未通过的，标委会或有关司局应将意见反馈标准起草单位，由其补充完善后重新送审。

第十九条 集中审查一般采取会议审查方式。对于标准涉及范围小、意见比较一致或修订内容较为简单的推荐性标准也可采取函审方式。审查要点包括：

（一）合法性。标准是否与法律、行政法规、规章和规范性文件相抵触；

（二）合理性。标准是否遵循并体现实践规律与通用要求，是否适应经济社会发展及民政业务需求；

（三）可行性。标准能否达到预期效果，是否适宜共同使用与重复使用；

（四）精确性。标准格式是否正确，有关术语、数字、公式、符号、图表等表述是否科学，引用的标准及其他规范性文件（包括采用的国际或外国先进标准）是否有效；

（五）协调性。标准与其他现行国家标准、行业标准有无交叉，标准的章节条款是否前后一致。

第二十条 采取会议审查的，原则上以标委会或有关业务司局名义组织；标准起草单位为司局的，以专家委名义组织。审查通常按下列程序进行：

（一）标准起草单位介绍标准制定（修订）过程、工作内容、主要依据和征求意见的处理情况；

（二）专家进行审查并讨论；

（三）标准起草单位对专家提出问题作必要解答；

（四）标准审查专家组归纳并形成专家审查意见；

（五）形成会议纪要。

第二十一条 会议审查应做好会议记录并撰写会议纪要。会议纪要应包括下列内容：

（一）会议议程；

（二）审查专家名单及其他参会人员情况；

（三）审查意见；

（四）表决结果及审查专家签名；

（五）标准的实施时间建议；

（六）需要说明的其他问题。

第二十二条 出席会议审查的专家人数应不少于15人，标准经四分之三以上专家同意方为通过。未通过审查的标准，标委会或有关司局应在5个工作日内将审查意见反馈标准起草单位。

第二十三条 采取函审的，标委会或有关司局将标准函审通知、标准送审材料及《民政标准函审结论表》送函审专家，由函审专家在一定期限内完成审查并形成结论。函审专家人数应不少于25人，标准经四分之三以上专家同意方为通过。未通过函审的，标委会或有关司局应在5个工作日内将函审意见反馈标准起草单位。

第二十四条 标准审查专家构成应具有代表性和权威性。其中，相关标准化专业技术人员不少于三分之一，标准使用方面的代表不少于四分之一。

第五章 报　　批

第二十五条 集中审查通过后，标准起草单位根据审查意见修改形成标准报批稿，经业务主管司局审核同意，以标委会或司局名义将以下材料（含电子版）报送人事司：

（一）标准报批稿；

（二）标准编制说明（强制性标准的编制说明应包括强制理由、预期效果、与现行政策法规和其他标准的关系等情况）；

（三）征求意见汇总处理表；

（四）会议纪要和参会人员名单（或函审结论和函审名单）；

（五）其他相关材料（标准申报单、采用的国际标准或国外先进标准原文、译文等材料）。

第二十六条 收到标准报批材料后，人事司委托专家委在10个工作日内开展标准报批审查。审查要点包括：

（一）标准制定（修订）程序是否规范；

（二）相关报批材料是否齐全；

（三）标准内容是否科学合理，格式是否正确；

（四）标准集中审查意见是否得到落实；

（五）其他需要审查的内容。

第二十七条 标准报批稿通过审查后，属强制性标准的，由人事司报分管副部长审定、报部长同意后，提交部务会议审议；属推荐性标准的，由人事司报部领导审定。属国家标准的，由人事司报部领导审定后报国家标准化管理委员会审批、编号、发布；属行业标准的，由人事司编号并经国家标准化管理委员会备案后以部名义发布。

标准报批稿未通过审查的，退回标委会或有关司局，由标准起草单位在30个工作日内修改完善后重新按有关程序报批。

第六章 附 则

第二十八条 工程建设标准审查按住房和城乡建设部、国家发展和改革委员会有关规定执行。

第二十九条 本办法由民政部人事司负责解释。

第三十条 本办法自发布之日起实施。此前有关民政标准审查规定与本办法不一致的，以本办法为准。国家对标准审查有规定的，从其规定。

中华人民共和国民政部令

第42号

《民政部规范性文件制定与审查办法》已经2011年6月2日民政部部务会议通过，现予公布，自2011年8月1日起施行。

部　长　　李立国
二〇一一年六月十日

民政部规范性文件制定与审查办法

第一章　总　　则

第一条　为了全面推进依法行政，加强对民政部规范性文件（以下简称规范性文件）制定和审查工作的管理，根据有关规定，结合本部实际，制定本办法。

第二条　本办法所称规范性文件，是指民政部制定的部门规章以外的，涉及行政相对人权利义务，具有普遍约束力并且在法定期限内可以反复适用的文件。

第三条　规范性文件的起草、合法性审查、审议、发布、解释、清理、修改和废止等工作，适用本办法。

规范性文件的备案，依据国家有关规定执行。

第四条　制定规范性文件，应当符合法律、行政法规、规章以及国务院决定、命令的规定，应当坚持公开、效能和权责统一原则。

第五条 部办公厅负责规范性文件管理工作；部业务司（局）负责职责范围内的规范性文件的起草、清理等工作，并对规范性文件的解释、修改和废止提出建议；部政策法规司负责规范性文件的合法性审查、备案等工作。

第二章 起 草

第六条 规范性文件由相关业务司（局）负责起草。涉及部内多个司（局）业务的，由主办司（局）负责组织相关业务司（局）起草。

制定规范性文件需要事先请示国务院同意的，应当报请国务院批准后再起草。

第七条 规范性文件可以用条款形式表述，也可以用段落形式表述。

规范性文件名称可以使用“规定”、“办法”、“细则”、“规则”、“通知”、“意见”等，但不得使用“条例”、“批复”、“报告”。

第八条 起草规范性文件，应当根据内容需要，在规范性文件中明确制定目的和依据、适用范围、适用主体、主要措施、施行日期等内容。

对有特定含义或者特定适用范围的术语，应当在规范性文件中作出界定，指明其特定的、确切的含义。

第九条 规范性文件不得设定下列事项：

（一）与法律、行政法规、规章和国务院决定、命令相抵触的事项；

（二）行政处罚、行政许可、行政审批、行政强制、行政事业性收费、机构编制以及其他不得由规范性文件创设的事项；

（三）违法增加行政相对人义务或者限制行政相对人合法权益的事项；

（四）超越民政部职能职权范围的事项。

第十条 起草规范性文件，应当听取社会意见并进行社会风险评估。

听取社会意见可以采取书面征求意见、座谈会、论证会、听证会等形式。涉及公众切身利益，或者社会关注度高的规范性文件，应当向社会公开征求意见。

规范性文件内容涉及国务院其他部门职能范围的，应当征求相关部门意见。

第十一条 起草规范性文件，应当对需要废止的现行规范性文件或者相关条款作出明确规定。

第三章　合法性审查

第十二条　规范性文件起草工作完成后，在报请审议前，起草司（局）应当将规范性文件送审稿及其起草说明送政策法规司进行合法性审查。

起草说明，应当包括下列内容：

（一）制定该文件的必要性和可行性；

（二）所依据的法律、行政法规、规章和有关文件；

（三）拟解决的主要问题以及采取的主要措施；

（四）征求意见、对分歧意见的协调处理以及社会风险评估等情况；

（五）其他需要说明的问题。

第十三条　政策法规司收到规范性文件送审稿后，一般应当在7个工作日内提出审查意见。

合法性审查的内容包括：

（一）是否符合法定职权和程序；

（二）是否与法律、行政法规、规章和国务院决定、命令相抵触；

（三）是否有规范性文件不得创设的内容；

（四）是否与民政部现行规范性文件相衔接；

（五）其他需要审查的事项。

第十四条　经审查无异议，政策法规司应当作出合法性审查通过的审查意见。

规范性文件送审稿存在重大缺陷或者较大争议，不符合本办法要求的，政策法规司可以作出审查不予通过意见并说明理由和依据。

第四章　审议与公布

第十五条　规范性文件应当提交部长办公会议或者部务会议审议。

审议规范性文件，由起草司（局）作说明，政策法规司就合法性审查情况作说明。

第十六条　规范性文件经审议通过后，由起草司（局）正式行文，送政策法规司会签后，按照部公文办理程序报请部长或者部长委托的其他部领导签发。

规范性文件需要送国务院其他部门会签的，或者需要报请国务院批准的，按照相关规定办理。

第十七条 有下列情形之一的，经部长批准可以简化制定程序：

（一）依据法律、行政法规授权例行调整和发布标准的；

（二）执行国务院的紧急命令、决定，需要立即制定和实施规范性文件的；

（三）为应对和处置自然灾害等突发事件，需要立即制定和实施规范性文件的。

依照前款规定简化制定程序的，起草司（局）形成规范性文件送审稿，会签政策法规司后直接报请部长签发。

第十八条 规范性文件应当以民政部公告形式发布，经部长批准，也可以其他方式发布。

第十九条 规范性文件自公布之日起施行，也可以确定自公布之日起一定期间后施行。

第五章 解释、清理、修改和废止

第二十条 规范性文件的解释，由原起草司（局）负责起草，经政策法规司会签后按照部公文办理程序报请部长签发。

规范性文件解释事关重大的应当提交部长办公会议或者部务会议审议。

规范性文件的解释与规范性文件具有同等效力。

第二十一条 规范性文件的日常清理由起草司（局）负责，集中清理按照国务院的相关规定由部统一部署。

清理后继续有效、废止和失效的规范性文件目录，应当向社会公布。

第二十二条 修改或者废止规范性文件，由原起草司（局）提出，按照规范性文件的制定程序办理。

第二十三条 规范性文件有效期限一般不得超过 5 年。名称冠以“暂行”、“试行”的，有效期限不超过 2 年。

规范性文件在有效期届满后，需要继续实施的，应当在有效期届满前进行清理，并向社会公布继续有效的规范性文件目录。

第六章 附 则

第二十四条 本办法自 2011 年 8 月 1 日起施行。

全国地名标准化技术委员会章程

（2014年7月2日第三届委员会第一次会议审议通过）

第一章 总 则

第一条 根据《中华人民共和国标准化法》和《全国专业标准化技术委员会章程》等的有关规定，制定本章程。

第二条 根据为了充分发挥科研、管理、生产等各领域专家在地名行业、产业、企业、组织、机构的标准化工作中的作用，广泛开展地名领域的标准化工作，经国家标准化管理委员会批准，成立全国地名标准化技术委员会（以下简称“技术委员会”）。

第三条 根据技术委员会是在地名专业领域内，从事全国标准化工作的技术工作组织，负责全国地名标准化的技术归口工作。

第四条 根据技术委员会由国家标准化管理委员会委托民政部领导和管理。

第二章 工作任务

第五条 根据技术委员会遵循国家有关方针、政策，提出地名专业标准化工作的方针、政策和技术措施的建议。

第六条 根据按照国家制定、修订标准的原则，以及采用国际标准和国外先进标准的方针，负责组织制定地名专业标准体系表，提出地名专业制定、修订国家标准的规划、年度计划和采用国际标准的建议。

第七条 根据国家标准化管理委员会和民政部批准的计划，组织地名专业国家标准的制定、修订和复审工作。

第八条 组织地名专业国家标准送审稿的审查工作，对标准中的技术内容、采用国际标准情况等提出审查结论意见，提出强制性标准或推荐性标准的建议。

第九条 根据国家标准化管理委员会的有关规定，做好地名专业国家标准的通报和咨询工作。

第十条 受标准制定部门的委托，负责组织地名专业的国家标准的宣讲、解释；培训并推动标准的实施，对地名专业标准的实施情况进行调查和分析，做出书面报告；向国家标准化管理委员会和民政部提出地名专业标准化成果奖励项目的建议。

第十一条 受国家标准化管理委员会的委托，承担国际标准化组织相应技术委员会对口的标准化技术业务工作，包括：对国际标准文件的表态，审查我国提案和国际标准的中文译稿，参加国际标准化组织相应技术委员会会议，以及提出对外开展标准化技术交流活动的建议等。

第十二条 积极组织收集和分析国际标准或国外先进标准的发展动态，翻译国际标准和国外先进标准，向社会各界提供咨询和服务。

第十三条 受国家标准化管理委员会的委托，承担国家标准的外文译稿和承担国际标准的起草工作，积极推荐我国地名标准成为国际标准。

第十四条 受民政部委托，在产品质量监督、检验、认证、审定免检产品和认定国家名牌产品等工作中，承担地名专业标准化范围内产品质量标准水平的评价工作。受民政部委托，可承担地名专业引进项目的标准化审查工作，并向项目主管部门提出标准化水平的分析报告。

第十五条 受国家标准化管理委员会及民政部的委托，办理与地名专业标准化工作有关的其他事宜。

第十六条 在完成上述任务的前提下，技术委员会将面向全社会开展地名专业标准化工作。接受省、市和企业的委托，承担地名专业行业标准、地方标准、企业标准的制定、修订、审查和宣讲、咨询等技术服务工作。

第三章 组织机构

第十七条 技术委员会由科研院所、高等院校、检测机构、行业协会、企业等有关方面选派的在职专家组成。每届技术委员会委员任期为五年。全国地名标准化技术委员会的组成方案，由国家标准化管理委员会审查、批准。

第十八条 技术委员会委员不少于31人，其中主任委员1人，副主任委员4人。技术委员会设秘书长1人（兼任），副秘书长1人（兼任）。需要时可聘请在地名专业享有盛誉的专家、学者担任技术委员会的顾问。

第十九条 主任委员由民政部推荐，经协商一致后由国家标准化管理委员会审核、批准和聘任，任期五年。

秘书长由民政部地名研究所推荐，由国家标准化管理委员会审核、批准和聘任，任期五年。

委员由热爱标准化工作的地名专业人员或相关单位自行推荐，由国家标准化管理委员会审核、批准和聘任，任期五年。

第二十条 主任委员负责技术委员会的全面工作，通过秘书处就技术委员会的主要事项向民政部和国家标准化管理委员会通报有关事项。主任委员指导技术委员会秘书处履行其职责。主任委员不能履行职责时，可授权副主任委员履行其职责。秘书长负责秘书处的日常工作，确保技术委员会工作的正常进行。

第二十一条 委员应代表所在单位积极参加技术委员会的工作（如对地名专业技术标准的审查，对国际标准提案提出意见等）。委员在本技术委员会内有表决权，并有权获得本技术委员会的资料和文件。

对不履行职责，无故两次以上不参加技术委员会活动或经常不能参加技术委员会活动，以及因工作变动等，不适宜继续担任委员者，由技术委员会提出调整或解聘的建议，并报国家标准化管理委员会审核、批准。需增补的委员由技术委员会推荐人选，报国家标准化管理委员会审核、批准和聘任。

第二十二条 本技术委员会可设顾问（不超过5人）和观察员。顾问和观察员有权获得本技术委员会的资料和文件。

顾问为本专业领域的专家或者学者，由技术委员会聘任，无表决权。

观察员由地名专业有关的事业单位、企业等提出申请，本技术委员会批准，报国家标准化管理委员会备案。观察员人数不限。观察员可被邀请列席技术委员会的会议，发表意见、提出建议，但无表决权。

第二十三条 本技术委员会设秘书处。技术委员会秘书处设在民政部地名研究所。秘书处所在单位民政部地名研究所受国家标准化管理委员会和民政部的委托，指导和管理秘书处的工作；为秘书处委派工作人员，并提供必要的工作条件。秘书处的工作应纳入民政部地名研究所的工作计划。秘书处在技术委员会主任委员或其授权的副主任委员和秘书长的领导下，负责处理技术委员会的日常工作，包括标准草案的分发和反馈意见的处理、会议的准备、各相关报告的编写、标准的报批等。

第二十四条 根据工作需要，技术委员会可建立分技术委员会。分技术委员会的设置和组建，由民政部与国家标准化管理委员会协商提出方案，报国家标准化管理委员会批准。各分技术委员会应遵守本章程和相关规定，工作由本技术委员会进行领导和协调，在其技术领域开展工作，并定期向主管部门和本技术委员会报告工作。

第二十五条 根据标准编制工作的需要，技术委员会可组建标准制定工作组，负责标准的制定、修订的具体工作。

第二十六条 国家标准化管理委员会和民政部可派联络员负责与技术委员会保持联系。

第四章 工作程序

第二十七条 技术委员会根据国家标准化管理委员会制定、修订标准计划的要求，提出国家标准制定、修订计划项目的建议，经民政部同意后，由民政部报国家标准化管理委员会。

分技术委员会和标准制定工作组向技术委员会提出国家标准制定、修订立项的建议，技术委员会按规定程序上报国家标准化管理委员会。

第二十八条 技术委员会根据国家标准化管理委员会和民政部下达的计划，协助组织计划的实施，指导和督促标准主要负责起草单位或标准制定工作组进行标准的制定、修订工作。

第二十九条 标准主要起草单位或者标准制定工作组承担标准起草工作，在调查研究、试验验证的基础上，提出标准征求意见稿（包括相关附件)，经技术委员会主任委员或其委托的副主任委员同意，由起草单位向有关行业部门、协会以及相关生产、销售、科研、检测和用户等单位广泛征求意见。

标准主要起草单位或者标准制定工作组对所提意见进行综合分析后，对标准草案进行修改，提出标准送审稿，报送秘书处。

第三十条 秘书处将标准送审稿送主任委员或其授权的副主任委员，经主任委员或其授权的副主任委员同意后，采取会议审查或函审方式，提交全体委员进行审查。秘书处应当至少在审查前半个月，将标准送审稿送达全体委员。审查时，原则上应协商一致。如需全体委员表决，必须有四分之三以上委员同意，方可通过。对强制性国家标准以及技术、经济和社会意义重大、涉及面广、分歧意见较多的国家标准送审稿应当进行会议审查。

会议审查时未出席会议，也未说明意见者，以及函审时未按规定时间投票者，按弃权计票。

对有分歧意见的标准或条款，应当完整保存不同意见的材料。

审查标准的投票情况和不同意见的材料应以书面材料记录在案，作为标准审查意见说明的附件。

第三十一条 标准主要负责起草单位或标准制定工作组，根据审查意见对标准进行修改，按要求提出标准报批稿及附件，送技术委员会秘书处复核。标准主要负责起草单位或标准制定工作组应对标准报批稿的技术内容和编写质量负责。

第三十二条 标准报批稿须秘书处复核，经秘书长签字，送主任委员或其授权的副主任委员审核后，按规定程序报国家标准化管理委员会批准、发布。

第三十三条 技术委员会一般每年召开一次会议（可与审查标准结合进行），总结上年度工作，安排下年度计划，检查经费使用情况等。

第三十四条 技术委员会、分技术委员会承担的国际标准化等的工作程序，按照有关规定执行。

第五章 经　　费

第三十五条 技术委员会和分技术委员会的工作经费按照专款专用的原则筹集和开支。

第三十六条 技术委员会和分技术委员会的工作经费主要来自以下几方面：

（1）国家标准化管理委员会下达的工作经费和标准制定、修订补助经费；

（2）民政部下拨的工作经费，标准科研经费，标准制定、修订补助经费；

（3）秘书处承担单位提供的经费；

（4）委员所在单位和观察员所代表的单位交纳的会费（委员5000元/年，观察员5000元/年）；

（5）开展本专业领域标准化的咨询、服务等工作的收入；

（6）其他合法来源的经费。

第三十七条 秘书处负责会费的收取。

第三十八条 技术委员会经费的主要用途：

（1）国家标准的前期论证及预研究；

（2）国际标准和国外先进标准的购置、翻译和跟踪采用；

（3）国家标准、行业标准的起草、征求意见、试验验证等；

（4）国家标准、行业标准样品的研制、复制；

（5）国家标准、行业标准的技术审查、审批、发布和公告；

（6）强制性国家标准文本的印制和信息发布；

（7）国家标准、行业标准的宣传、推广和外文版翻译；

（8）国家标准复审；

（9）行业标准、地方标准的备案；

（10）召开会议；

（11）秘书处开展日常工作；

（12）参与国际标准化活动；

（13）对技术委员会工作做出较大成绩的委员给予奖励和表彰；

（14）与职责相关的其他工作。

经费中每项开支由秘书处提出，秘书长签字，主任委员或其授权的副主任委员同意后方可支出。

第三十九条 国家标准制定、修订补助经费按照财政部有关规定进行列支。

第四十条 技术委员会秘书处应指派专人对技术委员会的经费进行管理。经费的预算、决算由技术委员会、分技术委员会审定，秘书处执行。秘书处应每年向全体委员报告经费收支情况。

第六章 附 则

第四十一条 技术委员会的代号为SAC/TC233，英文名称为National

Technical Committee 233 on Geographical Names of Standardization Administration of China，SAC/TC233：Geographical Names。

第四十二条　本章程未尽事宜按国家标准化管理委员会和民政部的有关规定执行。

第四十三条　本章程由全国地名标准化技术委员会秘书处负责解释。自 2014 年 7 月 2 日起实施。

全国地名标准化技术委员会秘书处工作细则

（2014 年 7 月 2 日第三届委员会第一次会议审议通过）

第一章 总 则

第一条 根据《全国地名标准化技术委员会章程》（以下简称《章程》）和有关管理规定，为使秘书处工作高效、有序地进行，特制定本细则。

第二条 全国地名标准化技术委员会（以下简称“技术委员会”）秘书处设在民政部地名研究所，是技术委员会的常设机构，负责处理技术委员会的日常工作，行政上接受民政部地名研究所的领导和管理。秘书处实行主任委员领导下的秘书长负责制。

第三条 秘书处工作的指导思想是：面向和服务于社会各行业、企事业单位和用户，发扬“团结、奋斗、求实、创新”的精神，努力为我国地名标准化事业的发展做出贡献。

第二章 岗位设置与工作职责

第四条 岗位设置为：秘书处定编 5 人，由秘书长、副秘书长（兼秘书处处长）、秘书组成，设处长（副秘书长兼任）1 名、副处长 1 名，秘书 2 名。必要时经主任委员或其授权的副主任委员批准，可聘请资深专家担任专职顾问，参与秘书处的日常工作。因临时工作需要，经秘书长批准，可聘任其他工作人员协助处理秘书处事务。

第五条 任职条件分别是：

秘书长：具有高级专业技术职称，有较高的理论水平和较丰富的实践经验，从事地名研究或标准化工作五年以上，具有良好的文字和语言表达能力，有较强的组织、协调能力和敬业奉献精神。

副秘书长：具有副高级专业技术职称，有较高的理论水平和较丰富的实践经验，从事地名研究或标准化工作五年以上，具有良好的文字和语言表达能力，有较强的组织、协调能力和敬业奉献精神。

副处长：具有中级及以上专业技术职称或相应行政级别，有一定的理论水平和实践经验，从事地名研究或标准化工作三年以上，具有良好的文字和语言表达能力，有较强的组织、协调能力和敬业奉献精神。

秘书：具有中级及以上专业技术职称或相应行政级别，热心地名事业和标准化工作，熟悉文秘业务和办公自动化技术，有一定外语水平和文字、语言表达能力，勤奋好学，有敬业奉献精神。

第六条 秘书处的工作职责是，在秘书长和副秘书长的领导下，负责以下工作：(1) 组织拟定技术委员会及秘书处年度工作计划和工作总结，拟定与协调国家标准、行业标准下一年度计划项目建议，下达、实施和检查国家标准、行业标准本年度制定、修订计划。(2) 组织标准体系表的编制、修改、补充和完善工作。(3) 组织和监督、落实标准起草和审定工作，把好标准的技术质量关。(4) 拟定标准宣传贯彻计划，调查分析标准实施情况，组织实施与协调产品质量认证、质保体系认证工作中的有关标准化工作。(5) 组织与规划技术委员会及秘书处业务范围的开拓、咨询服务工作。(6) 组织与协调重大标准化科研项目和试验验证项目。(7) 在主任委员或秘书长授权时代表技术委员会或秘书处签署有关文件或协议。(8) 拟定技术委员会、秘书处年度财务预算和决算文件。处理秘书处日常财务、收支和设备物资的管理。(9) 组织技术委员会内部资料的编辑、出版和发行。(10) 其他工作。

秘书长：在主任委员或其授权的副主任委员领导下，全面负责秘书处工作，组织领导秘书处完成各项任务。

副秘书长：在秘书长领导下，协助秘书长负责秘书处有关工作。

秘书处处长：在秘书长和副秘书长的领导下负责秘书处的各项工作。(1) 参与组织标准体系表的编制、标准制定、修订年度计划的制定和上报、标准计划任务的下达。(2) 参与组织标准制定、修订过程的跟踪检查、监督、协调，标准送审稿的初审、会审、函审以及报批稿的上报工作。(3) 参与组织标准复审计划、宣传贯彻计划的制定和实施。(4) 参与组织前瞻性标准化项目研究和重要标准的起草。(5) 参与组织标准化技术交流及与国际标准化组织相应技术委员会的对口联系。(6) 受秘书长委托，代表秘书处处理有关业务。(7) 其他工作。

秘书处副处长：协助秘书处处长负责秘书处的日常工作。

秘书：在秘书处处长和副处长的领导下，负责秘书处的各项工作。(1) 与委员、顾问、观察员、标准起草单位的联络、有关资料的发放。(2) 在秘书长、秘书处处长等领导的指导下起草有关文件、翻译外文资料、编辑出版内部资料。(3) 编制有关管理软件，开展网上审查与交流。(4) 维护与管理秘书处办公设备。(5) 技术委员会和秘书处的收、发文登记与资料建档工作。(6) 其他工作。

专职顾问：受主任委员或秘书长委托，协助秘书长处理有关标准化技术的专项事务，负责标准、文件的质量把关；就秘书处和技术委员会的工作，可直接向秘书长或主任委员建议。

第三章　会议制度

第七条　秘书处定期召开工作例会，检查、布置工作；进行阶段工作小结；建立工作日记，对秘书处的工作做出计划和安排。

第八条　根据工作需要，经主任委员或其授权的副主任委员同意，可组织召开主任委员办公会议或专家工作会议。主任委员办公会议由主任委员或其授权的副主任委员召集并主持；专家工作会议可由秘书长召集并主持，也可由秘书长委托副秘书长或有关委员召集和主持，秘书处派员参加。主任委员办公会议、专家工作会议结束后，均应就会议内容和决议形成会议纪要，并由主持会议的领导或专家签字，秘书处存档。

第九条　委员全体会议一般在年初或年末召开（年会），由秘书处召集，主任委员或其授权的副主任委员主持。

第四章　财务制度

第十条　技术委员会的财务工作由主任委员或秘书长领导，财务收支情况在挂靠单位民政部地名研究所财务处设立单独账目，由民政部地名研究所财务处代为管理，专业的会计和出纳由民政部地名研究所财务处人员担任，涉及财务收支的具体事项由主任委员或秘书长审批，秘书处组织办理。

第十一条 秘书处每年向技术委员会报告上一年度财务开支情况及下一年度财务预算计划，由主任委员或秘书长审定，报民政部地名研究所财务处备案。秘书处提出技术委员会经费收缴与开支的管理办法，报请技术委员会审批，并负责组织实施。秘书处负责收缴技术委员会活动经费，包括会费、赞助、捐赠等，并负责技术委员会工作经费的管理，其日常开支须经秘书长批准，重大开支由主任委员或其授权的副主任委员批准。

第五章 附　　则

第十二条 本细则由全国地名标准化技术委员会秘书处负责解释。自2014年7月2日起实施。

附：秘书处联系方式

地　　址：北京市西城区广安门南街48号中彩大厦民政部地名研究所
邮政编码：100032
电　　话：010－83518690
传　　真：010－83518590
电子信箱：dmtc233@163.com

第二部分

标准化基础知识

标准化和相关活动的通用术语

标准（standard）：通过标准化活动，按照规定的程序经协商一致制定，为各种活动或其结果提供规则、指南或特性，供共同使用和重复使用的文件。

注1：标准宜以科学、技术和经验的综合成果为基础。

注2：规定的程序指制定标准的机构颁布的标准制定程序。

注3：诸如国际标准、区域标准、国家标准等，由于它们可以公开获得以及必要时通过修正或修订保持与最新技术水平同步，因此它们被视为构成了公认的技术规则。其他层次上通过的标准，诸如专业协（学）会标准、企业标准等，在地域上可影响几个国家。

[GB/T 20000.1—2014，定义5.3]

标准化（standardization）：为了在既定范围内获得最佳秩序，促进共同效益，对现实问题或潜在问题确立共同使用和重复使用的条款以及编制、发布和应用文件的活动。

注1：标准化活动确定的条款，可形成标准化文件，包括标准和其他标准化文件。

注2：标准化的主要效益在于为了产品、过程或服务的预期目的改进它们的适用性，促进贸易、交流以及技术合作。

[GB/T 20000.1—2014，定义3.1]

标准化对象（subject of standardization）：需要标准化的主题。

注1：本部分使用的“产品、过程或服务”这一表述，旨在从广义上囊括标准化对象，宜等同地理解为包括诸如材料、元件、设备、系统、接口、协议、程序、功能、方法或活动。

注2：标准化可以限定在任何对象的特定方面，例如，可对鞋子的尺码和耐用性分别标准化。

［GB/T 20000.1—2014，定义 3.2］

标准化领域（field of standardization）：一组相关的标准化对象。

注：例如工程、运输、农业、量和单位均可视为标准化领域。

［GB/T 20000.1—2014，定义 3.3］

最新技术水平（state of art）：在一定时期内，基于相关科学、技术和经验的综合成果的产品、过程或服务相应技术能力所达到的高度。

［GB/T 20000.1—2014，定义 3.4］

公认的技术规则（acknowledged rule of technology）：大多数有代表性的专家承认的能反映最新技术水平的技术条款。

注：针对技术对象的规范性文件，若由各利益相关方通过磋商和协商一致程序合作编制，则在批准时视为公认的技术规则。

［GB/T 20000.1—2014，定义 3.5］

标准化层次（level of standardization）：标准化所涉及的地理、政治或经济区域的范围。

注：标准化可以全球、区域或国家层次上，在一个国家的某个地区内，在政府部门、行业协会或企业层次上，以至企业内车间和业务室等各个不同层次上进行。

［GB/T 20000.1—2014，定义 3.6］

国际标准化（international standardization）：所有国家的有关机构均可参与的标准化。

［GB/T 20000.1—2014，定义 3.6.1］

区域标准化（regional standardization）：供世界某个地理、政治或经济区域内的国家的有关机构可参与的标准化。

［GB/T 20000.1—2014，定义 3.6.2］

国家标准化（national standardization）：在国家层次上进行的标准化。

[GB/T 20000.1—2014，定义 3.6.3]

地方标准化（provincial standardization）：在国家的某个地区层次上进行的标准化。

[GB/T 20000.1—2014，定义 3.6.4]

协商一致（consensus）：普遍同意，即有关重要利益相关方对于实质性问题没有坚持反对意见，同时按照程序考虑了有关各方的观点并且协调了所有争议。

注：协商一致并不意味着全体一致同意。

[GB/T 20000.1—2014，定义 3.7]

标准化的目的

标准化的一般目的是基于标准化的定义。标准化可以有一个或更多特定目的，以使产品、过程或服务适合其用途。这些目的可能包括但不限于品种控制、可用性、兼容性、互换性、健康、安全、环境保护、产品防护、相互理解、经济绩效、贸易。这些目的可能相互重叠。

标准化（standardization）：为了在既定范围内获得最佳秩序，促进共同效益，对现实问题或潜在问题确立共同使用和重复使用的条款以及编制、发布和应用文件的活动。

注1：标准化活动确定的条款，可形成标准化文件，包括标准和其他标准化文件。

注2：标准化的主要效益在于为了产品、过程或服务的预期目的改进它们的适用性，促进贸易、交流以及技术合作。

[GB/T 20000.1—2014，定义3.1]

适用性（fitness for purpose）：产品、过程或服务在具体条件下适合规定用途的能力。

[GB/T 20000.1—2014，定义4.1]

兼容性（compatibility）：诸多产品、过程或服务在特定条件下一起使用时，各自满足相应要求，彼此间不引起不可接受的相互干扰的适应能力。

[GB/T 20000.1—2014，定义4.2]

互换性（interchangeability）：某一产品、过程或服务能用来代替另一产品、过程或服务并满足同样要求的能力。

注：功能方面的互换性称为“功能互换性”，量度方面的互换性称为“尺寸互换性”。

［GB/T 20000.1—2014，定义 4.3］

品种控制（variety control）：为了满足主导需求，对产品、过程或服务的规格或类型数量的最佳选择。

［GB/T 20000.1—2014，定义 4.4］

安全（safety）：免除了不可接受的伤害风险的状态。

注：标准化考虑产品、过程或服务的安全时，通常是为了获得包括诸如人类行为等非技术因素在内的若干因素的最佳平衡，将伤害到人员和物品的可避免风险消除到可接受的程度。

［GB/T 20000.1—2014，定义 4.5］

环境保护（protection of environment）：使环境免受产品的使用、过程的操作或服务的提供所造成的不可接受的损害。

［GB/T 20000.1—2014，定义 4.6］

产品防护（product protection）：使产品在使用、运输或贮存过程中免受气候或其他不利条件造成的损害。

［GB/T 20000.1—2014，定义 4.7］

标准的类别

下面所给出的术语和定义既不是对标准进行系统的分类，也不是列出全部可能的标准类别，仅仅给出一些常见的标准类别。这些类别相互间并不排斥，例如，一个特定的产品标准，如果不仅是规定了对该产品特性的技术要求，还规定了用于判定该要求是否得到满足的证实方法，也可视为规范标准。

基础标准（basic standard）：具有广泛的适用范围或包含一个特定领域的通用条款的标准。

注：基础标准可直接应用，也可作为其他标准的基础。

[GB/T 20000.1—2014，定义 7.1]

术语标准（terminology standard）：界定特定领域或学科中使用的概念的指称及其定义的标准。

注：术语标准通常含术语及其定义，有时还附有示意图、注、示例等。

[GB/T 20000.1—2014，定义 7.2]

符号标准（symbol standard）：界定特定领域或学科中使用的符号的表现形式及其含义或名称的标准。

[GB/T 20000.1—2014，定义 7.3]

分类标准（classification standard）：基于诸如来源、构成、性能或用途等相似特性对产品、过程或服务进行有规律的排列或划分的标准。

注：分类标准有时给出或含有分类原则。

[GB/T 20000.1—2014，定义 7.4]

试验标准（testing standard）：在适合指定目的的精确度范围内和给定

环境下，全面描述试验活动以及得出结论的方式的标准。

注 1：试验标准有时附有与测试有关的其他条款，例如取样、统计方法的应用、多个试验的先后顺序等。

注 2：适当时，试验标准可说明从事试验活动需要的设备和工具。

[GB/T 20000. 1—2014，定义 7. 5]

规范标准（specification standard）：规定产品、过程或服务需要满足的要求以及用于判定其要求是否得到满足的证实方法的标准。

[GB/T 20000. 1—2014，定义 7. 6]

规程标准（code of practice standard）：为产品、过程或服务全生命周期的相关阶段推荐良好惯例或程序的标准。

注：规程标准汇集了便于获取和使用信息的实践经验和知识。

[GB/T 20000. 1—2014，定义 7. 7]

指南标准（guide standard）：以适当的背景知识给出主题的一般性、原则性、方向性的信息、指导或建议，而不推荐具体做法的标准。

[GB/T 20000. 1—2014，定义 7. 8]

产品标准（product standard）：规定产品需要满足的要求以保证其适用性的标准。

注 1：产品标准除了包括适用性的要求外，也可直接包括或以引用的方式包括诸如术语、取样、检测、包装和标签等方面的要求，有时还可包括工艺要求。

注 2：产品标准根据其规定的是全部的还是部分的必要要求，可区分为完整的标准和非完整的标准。由此，产品标准又可分为不同类别的标准，例如尺寸类、材料类和交货技术通则类产品标准。

注 3：若标准仅包括分类、试验方法、标志和标签等内容中的一项，则该标准分别属于分类标准、试验标准和标志标准，而不属于产品标准。

[GB/T 20000. 1—2014，定义 7. 9]

过程标准（process standard）：规定过程需要满足的要求以保证其适用

性的标准。

[GB/T 20000.1—2014，定义7.10]

服务标准（service standard）：规定服务需要满足的要求以保证其适用性的标准。

注1：服务标准可以在诸如洗衣、饭店管理、运输、汽车维护、远程通信、保险、银行、贸易等领域内编制。

[GB/T 20000.1—2014，定义7.11]

接口标准（interface standard）：规定产品或系统在其互连部位与兼容性有关的要求的标准。

[GB/T 20000.1—2014，定义7.12]

数据待定标准（standard on data to provided）：列出产品、过程或服务的特性，而特性的具体值或其他数据需根据产品、过程或服务的具体要求另行指定的标准。

注：典型情况下，一些标准规定由供方确定数据，另一些标准由需方确定数据。

[GB/T 20000.1—2014，定义7.13]

标准和法规的负责机构

机构（body）：〈负责标准和法规〉有特定任务和组成的法定实体或行政实体。

注：机构如组织、权力机关、公司和基金会等。

[GB/T 20000. 1—2014，定义 6. 1]

组织（organization）：以其他机构或个人作为成员组成的，具有既定章程和自身管理部门的机构。

[GB/T 20000. 1—2014，定义 6. 2]

标准化机构（standardizing body）：公认的从事标准化活动的机构。

[GB/T 20000. 1—2014，定义 6. 3]

区域标准化组织（regional standardizing organization）：成员资格仅向某个地理、政治或经济区域内的各国有关国家机构开放的标准化组织。

[GB/T 20000. 1—2014，定义 6. 3. 1]

国际标准化组织（international standardizing organization）：成员资格向世界各个国家的有关国家机构开放的标准化组织。

[GB/T 20000. 1—2014，定义 6. 3. 1]

标准机构（standards body）：根据自身章程的规定，以编制、批准或采用公开发布的标准为主要职能，在国家、区域或国际层次上公认的标准化机构。

注：标准机构也可有其他的主要职能。

[GB/T 20000. 1—2014，定义 6. 4]

国家标准机构（national standards body）：有资格作为相应国际标准组织和区域标准组织的国家成员，在国家层次上公认的标准机构。

[GB/T 20000.1—2014，定义 6.4.1]

区域标准机构（regional standards organization）：成员资格仅向某个地理、政治或经济区域内的各国有关国家机构开放的标准组织。

[GB/T 20000.1—2014，定义 6.4.2]

国际标准组织（international standards organization）：成员资格向世界各国的有关国家机构开放的标准组织。

[GB/T 20000.1—2014，定义 6.4.3]

标准化技术组织（standardizing technical organization）：由标准机构或标准化机构设立的负责标准的起草或编制的组织。

[GB/T 20000.1—2014，定义 6.5]

技术委员会（technical committee）：在特定专业领域内，从事标准的编制等工作的标准化技术组织。

[GB/T 20000.1—2014，定义 6.5.1]

分技术委员会（subcommittee）：在技术委员会内设置的负责某一分支领域标准的编制等工作的标准化技术组织。

[GB/T 20000.1—2014，定义 6.5.2]

工作组（working group）：在技术委员会或分技术委员会内设置的负责标准的起草的专家组。

[GB/T 20000.1—2014，定义 6.5.3]

权力机关（authority）：具有法律上的权力和权利的机构。

注：权力机关可以是区域、国家或地方的。

[GB/T 20000.1—2014，定义 6.6]

法规制定机关（regulatory authority）：负责编制或通过法规的权力机关。

[GB/T 20000.1—2014，定义 6.6.1]

法规执行机关（enforcement authority）：负责执行法规的权力机关。

注：法规执行机关可以是或不是法规制定机关。

[GB/T 20000.1—2014，定义 6.6.2]

规范性文件的种类

规范性文件（normative document）：为各种活动或其结果提供规则、指南或特性的文件。

注1：“规范性文件”是诸如标准、规范、规程和法规等文件的通称。

注2：“文件”可理解为记录有信息的各种媒介。

[GB/T 20000.1—2014，定义5.1]

标准化文件（standardizing document）：通过标准化活动制定的文件。

注：“标准化文件”是诸如标准、技术规范、可公开获得规范、技术报告等文件的通称。

[GB/T 20000.1—2014，定义5.2]

标准（standard）：通过标准化活动，按照规定的程序经协商一致制定，为各种活动或其结果提供规则、指南或特性，供共同使用和重复使用的文件。

注1：标准宜以科学、技术和经验的综合成果为基础。

注2：规定的程序指制定标准的机构颁布的标准制定程序。

注3：诸如国际标准、区域标准、国家标准等，由于它们可以公开获得以及必要时通过修正或修订保持与最新技术水平同步，因此它们被视为构成了公认的技术规则。其他层次上通过的标准，诸如专业协（学）会标准、企业标准等，在地域上可影响几个国家。

[GB/T 20000.1—2014，定义5.3]

国际标准（international standard）：由国际标准化组织或国际标准组织通过并公开发布的标准。

[GB/T 20000.1—2014，定义5.3.1]

区域标准（regional standard）：由区域标准化组织或区域标准组织通过并公开发布的标准。

[GB/T 20000. 1—2014，定义 5. 3. 2]

国家标准（national standard）：由国家标准机构通过并公开发布的标准。

[GB/T 20000. 1—2014，定义 5. 3. 3]

行业标准（industry standard）：由行业机构通过并公开发布的标准。

[GB/T 20000. 1—2014，定义 5. 3. 4]

地方标准（provincial standard）：在国家的某个地区通过并公开发布的标准。

[GB/T 20000. 1—2014，定义 5. 3. 5]

企业标准（company standard）：由企业通过并供该企业使用的标准。

[GB/T 20000. 1—2014，定义 5. 3. 6]

试行标准（prestandard ）：标准化机构通过并公开发布的暂行文件，目的是从它的应用中取得必要的经验，再据以建立正式的标准。

[GB/T 20000. 1—2014，定义 5. 4]

规范（specification）：规定产品、过程或服务应满足的技术要求的文件。

注 1：适宜时，规范宜指明可以判定其要求是否得到满足的程序。

注 2：规范可以是标准、标准的一个部分或标准以外的其他标准化文件。

[GB/T 20000. 1—2014，定义 5. 5]

规程（code of practice）：为产品、过程或服务全生命周期的有关阶段推荐良好惯例或程序的文件。

注：规程可以是标准、标准的一个部分或标准以外的其他标准化文件。

[GB/T 20000.1—2014，定义 5.6]

法规（regulation）：由权力机关通过的有约束力的法律性文件。

[GB/T 20000.1—2014，定义 5.7]

技术法规（technical regulation）：规定技术要求的法规，它或者直接规定技术要求，或者通过引用标准、规范或规程提供技术要求，或者将标准、规范或规程的内容纳入法规中。

注：技术法规可附带技术指导，列出为了遵守法规要求可采取的某种途径，即视同符合条款。

[GB/T 20000.1—2014，定义 5.7.1]

规范性文件的内容

条款（provision）：规范性文件内容的表述方式，一般采取陈述、指示、推荐或要求的形式。

注：条款的这些形式以其所用的措辞加以区分，例如：指示用祈使句表达，推荐用助动词“宜”，要求用助动词“应”。

[GB/T 20000.1—2014，定义 9.1]

陈述（statement）：表达信息的条款。

[GB/T 20000.1—2014，定义 9.2]

指示（instruction）：表达应执行的行动的条款。

[GB/T 20000.1—2014，定义 9.3]

推荐（recommendation）：表达建议或指导的条款。

[GB/T 20000.1—2014，定义 9.4]

要求（requirement）：表达需要满足准则的条款。

[GB/T 20000.1—2014，定义 9.5]

必达要求（exclusive requirement）：为了遵守规范性文件而必须履行的要求。

[GB/T 20000.1—2014，定义 9.5.1]

可选要求（optional requirement）：为了遵守规范性文件所允许的特定选择而必须满足的要求。

注：可选要求可以是以下任何一种：

a）两个或更多可选择的要求中的一个；

b）仅在适用时满足，而在不适用时可不予考虑的附加要求。

[GB/T 20000.1—2014，定义 9.5.2]

视同合同条款（deemed - to - satisfy provision）：指出遵守规范性文件的要求的一种或多种途径的条款。

[GB/T 20000.1—2014，定义 9.6]

描述条款（descriptive provision）：表达有关产品、过程或服务特性的适用性的条款。

注：描述条款通常用尺寸和材料组成表述设计、构造细节等内容。

[GB/T 20000.1—2014，定义 9.7]

性能条款（performance provision）：表达有关产品、过程或服务的使用性能或与使用相关性能的适用性的条款。

[GB/T 20000.1—2014，定义 9.8]

规范性文件的结构

主体（body）：〈规范性文件中〉构成规范性文件实质内容的一组条款。

注1：就标准而言，主体即规范性要素，由标准的规范性一般要素和规范性技术要素组成。

注2：为了方便起见，规范性文件主体的某些部分可以采用附录的形式（规范性附录），但其他附录（资料性）只可以作为附加要素。

［GB/T 20000.1—2014，定义10.1］

附加要素（additional element）：规范性文件中包含的但不影响其实质内容的信息。

注：就标准而言，附加要素即资料性概述要素和资料性补充要素，可以包括：封面、目次、前言、引言、资料性附录、参考文献和索引等。

［GB/T 20000.1—2014，定义10.2］

规范性文件的制定

标准工作计划（standards programme）：标准化机构就其当前标准化工作项目所作出的工作日程安排。

[GB/T 20000. 1—2014，定义 11. 1]

标准项目（standards project）：标准工作计划内的具体工作项目。

[GB/T 20000. 1—2014，定义 11. 1. 1]

标准草案（draft standard）：为了征求意见、投票（审查）或批准而提出的标准文本。

[GB/T 20000. 1—2014，定义 11. 2]

有效期（period of validity）：规范性文件现行的时长，即从该文件的负责机构决定它生效之日起直到它被废止或代替之日为止所经历的时间。

[GB/T 20000. 1—2014，定义 11. 3]

起草（drafting）：确立条款，搭建文本的结构，形成文件草案的活动。

注：标准化活动中，起草主要由工作组完成。

[GB/T 20000. 1—2014，定义 11. 4]

编制（preparation）：起草文件，履行征求意见、技术审查等程序的活动。

注：标准化活动中，编制主要指标准化技术组织从事的活动。

[GB/T 20000. 1—2014，定义 11. 5]

制定（development）：确立条款，编制、发布文件的全过程活动。

注：标准化活动中，制定主要指标准机构或标准化机构从事的活动。

［GB/T 20000.1—2014，定义 11.6］

复审（review）：决定规范性文件是否应予确认、更改或废止的审查活动。

［GB/T 20000.1—2014，定义 11.7］

勘误（correction）：对已出版的规范性文件文本中的印刷、文字错误以及其他类似错误的更正。

注：适合时，勘误的结果可视情况发布单独的勘误页或发布规范性文件的新版本。

［GB/T 20000.1—2014，定义 11.8］

修正（amendment）：对规范性文件内容的特定部分的更改、增加或删除。

注：修正的结果一般是发布单独的规范性文件的修正案。

［GB/T 20000.1—2014，定义 11.9］

修订（revision）：对规范性文件实质内容和表述的全面必要的更改。

注：修订的结果是发布规范性文件的新版本。

［GB/T 20000.1—2014，定义 11.10］

重印版本（reprint）：不加任何改变的规范性文件的新的印刷品。

［GB/T 20000.1—2014，定义 11.11］

新版本（new edition）：包括了对前一版本的更改内容的规范性文件的新的印刷品。

注：即使仅将现存的勘误或修正案的内容纳入规范性文件的文本中，该文本也构成一个新版本。

［GB/T 20000.1—2014，定义 11.12］

规范性文件的实施

规范性文件有两种不同的“实施”方式。一是可以直接应用于生产、贸易等方面；二是可以被另一个规范性文件全部或部分地采用。通过第二个规范性文件的媒介，第一个规范性文件还可得到应用，或再次被第三个规范性文件所采用。

规范性文件的采用（adoption of a normative document）：某一机构经另一机构的规范性文件为基础编制并说明和标示了两个文件之间差异的规范性文件的发布，或者某一机构将另一机构的规范性文件作为与本机构文件具有同等地位的签署认可行为。

[GB/T 20000.1—2014，定义 12.1]

一致性程度（degrees of correspondence）：描述采用与被采用关系的两个文件之间差别大小的程度。

注：我国标准与相应国际标准的一致性程度分为：等同、修改和非等效。

[GB/T 20000.1—2014，定义 12.1.1]

等同（identical；IDT）：某一文件与所采用的另一文件的技术内容和文本结构相同的一致性程度。

注：文件版式（例如，页码、字体、字号等）的改变不影响一致性程度。

[GB/T 20000.1—2014，定义 12.1.1.1]

修改（modified；MOD）：某一文件与所采用的另一文件存在已被明确指出并说明原因的技术性差异，和（或）已清晰阐述或比较两个文件之间文本结构变化的一致性程度。

[GB/T 20000.1—2014，定义 12.1.1.2]

非等效（nonequivalent；NEQ）：某一文件与另一文件存在未清晰说明的技术内容和（或）文件结构的差别，或只保留另一文件少量或不重要条款的一致性程度。

注：与国际标准一致性程度为非等效的我国标准，不属于采用国际标准。

[GB/T 20000.1—2014，定义 12.1.1.3]

规范性文件的应用（application of a normative document）：规范性文件在生产、贸易等方面的使用。

[GB/T 20000.1—2014，定义 12.2]

标准的直接应用（direct application of an standard）：无论某标准是否被其他规范性文件采用或引用而对该标准的应用。

[GB/T 20000.1—2014，定义 12.2.1]

标准的间接应用（indirect application of an standard）：以另一个采用或引用某标准的规范性文件为媒介而对该标准的应用。

[GB/T 20000.1—2014，定义 12.2.2]

在规范性文件中引用标准

引用的概念

引用标准（reference to standards）：提及一个或多个标准，以代替规范性文件中的详细条款。

注1：引用标准可以是注日期引用、不注日期引用或普遍性引用，同时可以是唯一性引用或指标性引用。

注2：涉及最新技术水平或公认的技术规则的更普遍性的法律条款可以引用标准，也可以直接规定技术内容。

[GB/T 20000.1—2014，定义13.1.1]

引用的确定性

注日期引用（对标准的）〔dated reference (to standards)〕：除非规范性文件被更改，被引用的标准随后的修正和修订均不适用的一种引用标准的方式。

注1：以这种方式引用标准通常标出标准代号、顺序号和发布日期或版次。

注2：法规引用标准时可给出标准名称。

[GB/T 20000.1—2014，定义13.2.1]

不注日期引用（对标准的）〔undated reference (to standards)〕：无需对规范性文件进行更改，被引用的标准随后的修正和修订均适用的一种引用标准的方式。

注1：对以这种方式引用标准通常仅标出标准代号和顺序号。

注2：法规引用标准时可给出标准名称。

[GB/T 20000.1—2014，定义13.2.2]

普遍性引用（法规对标准的）〔general reference (to standards in regulations)〕：指明特定机构或具体领域内所有标准（不逐个列举）的一种引用标准的方式。

［GB/T 20000.1—2014，定义 13.2.3］

引用的力度

惟一性引用（法规对标准的）〔exclusive reference（to standards in regulations)〕：指明遵守所引用的标准是满足技术法规有关要求的惟一途径的一种引用标准的方式。

［GB/T 20000.1—2014，定义 13.3.1］

指示性引用（法规对标准的）〔indicative reference（to standards in regulations)〕：指明遵守所引用的标准是满足技术法规有关要求的途径之一的一种引用标准的方式。

［GB/T 20000.1—2014，定义 13.3.2］

我国标准如何分类

按照标准化对象，通常把标准分为技术标准、管理标准和工作标准三大类。

技术标准是指对标准化领域中需要协调统一的技术事项所制定的标准。技术标准包括基础技术标准、产品标准、工艺标准、检测试验方法标准以及安全、卫生、环保标准等。

管理标准是指对标准化领域中需要协调统一的管理事项所制定的标准。管理标准包括管理基础标准、技术管理标准、经济管理标准、行政管理标准和生产经营管理标准等。

工作标准是指对工作的责任、权利、范围、质量要求、程序、效果、检查方法、考核办法所制定的标准。工作标准一般包括部门工作标准和岗位（个人）工作标准。

而且，中国国家标准按标准性质，可以分为强制性标准和推荐性标准两类性质的标准。

保障人体健康，人身、财产安全的标准和法律、行政法规规定强制执行的标准是强制性标准，其他标准是推荐性标准。

标准的发布机构

按照国际和我国对标准的定义，标准是由公认机构批准发布的。目前，我国标准分为国家标准、行业标准、地方标准和企业标准。这些标准的发布机构分别为：

国家标准——由国家质量监督检验检疫总局和国家标准化管理委员会联合发布；

行业标准——由国务院有关部委发布；

地方标准——由各地方标准化主管部门发布；

企业标准——由各企业发布。

此外，由于国家标准化管理委员会对行业标准实行分类管理，对原委托不具备政府部门管理职能的轻工、纺织、黑色冶金、有色金属、石油、石化、化工、建材、机械、汽车、锅炉压力容器、电力、包装、物流和稀土等十九个行业协会、联合会管理的行业标准，统一由国家发展和改革委员会发布相应的行业标准。

标准顺序号

标准编号中，标准代号之后是标准顺序号。在我国，通常标准顺序号没有特殊的含义，不表示任何分类信息。标准和其顺序号之间是一一对应的关系，一个标准只有惟一的顺序号。标准的顺序号由标准的发布机构，按照标准发布的时间顺序依次分配。

标准年号

在标准顺序号之后，通过一个连字符连接着一个四位数，这就是标准年号。标准年号意味着标准的发布年代，如果看到的是 GB/T 1132—2004 表示该标准是 2004 年发布的。

是不是标准顺序号越小，其发布的时间越早？为什么 GB/T 1132 是 2004 年发布，而 GB 17323 反而是 1998 年发布的？实际上，标准顺序号越小，表明该标准“首次”发布的时间越早。但随着科学技术进步，标准不断更新。因此所看到的标准年号往往不是标准的首次发布时间。

标准分类号

拿到一份标准，在标准封面的左上角会发现类似下面的两行字母和数字，这就是标准分类号：

ICS　13.120

A　12

位于上方的是“国际标准分类号（又称ICS号）”，位于下方的是“中国标准文献分类号”。

国际标准分类号是由国际标准化组织（ISO）编制、维护和管理的国际性标准文献专用分类号。世界贸易组织（WTO）委托国际标准化组织（ISO）负责贸易技术壁垒协议（TBT）中有关标准通报事宜的具体实施。为此，WTO秘书长与ISO秘书长共同起草了一个备忘录，明确规定，标准化机构在其通报工作中，要使用国际标准分类号。ICS是一种数字等级制分类，根据标准化活动和标准文献的特点，类目设置以专业划分为主，适当结合学科分类。原则上由三级构成。一级类按标准化所涉及的专业领域划分，设41个大类，402个二级类，833个三级类。一级类和三级类采用双位数表示，二级类采用三位数表示；各级类目之间以圆点相隔。如“29电气工程”“29.120电工器件”“29.120.70继电器”。

中国标准文献分类号是由原国家质量技术监督局组织编制的专用于标准文献的分类号。该分类将全部专业划分为24个大类，1606个小类。一级类目用大写拉丁字母表示，二级类目用双位数表示。例如B64表示森林经营技术（B表示农业、林业）。

由于ICS是基于西方特点编制的分类法，不能完全适合我国的实际需要，因此我国在采用ICS的同时，还标注“中国标准文献分类号”。这样既满足了标准文献的国际交流，又适应了中国标准文献的管理特点。

标准的部分编号

在标准编号中，可以看到这样的编号：GB/T 1131.1—2004、GB/T 1131.2—2004，与多数的标准编号相比，在标准顺序号后多了一个“.”和阿拉伯数字。

在标准的制定过程中，针对一个标准化对象，一般制定成一个标准。在某些情况下，针对标准化对象的不同方面可以制定成一个标准的不同部分，也就是说，一项标准可以分成不同的部分。

例如，标准化对象为家用电器，针对其技术要求可以制定成一项标准，但是家用电器的一般技术要求是相同的，可以合并成为一个部分，而针对不同的家用电器的特殊技术要求可制定成不同的部分：

第 1 部分：一般要求

第 2 部分：电熨斗特殊要求

第 3 部分：旋转脱水机特殊要求

第 4 部分：洗碗机特殊要求

……

这时，由于它们属于一项标准，一项标准具有一个唯一的标准顺序号。因此，各个部分具有相同的标准顺序号，部分的编号用来区分出不同的部分。部分的编号位于标准顺序号之后，使用阿拉伯数字从 1 开始编号。部分的编号与标准顺序号之间用“.”相隔。例如：9999.1，9999.2 等。

标准的标龄

自标准实施之日起，至标准复审重新确认、修订或废止的时间，称为标准的有效期，又称标龄。由于各国情况不同，标准有效期也不同。以ISO为例，ISO标准每5年复审一次，平均标龄为4.92年。我国在《国家标准管理办法》中规定国家标准实施5年，要进行复审，即国家标准有效期一般为5年。

标准制定基本程序

标准的制定是指对需要制定为标准的项目，编制制定计划、组织草拟、审批、编号、批准发布、出版等活动。制定标准是一项涉及面广，技术性、政策性很强的工作，必须以科学的态度，按照规定的程序进行。

目前，我国制定标准的程序为：

——制订标准制修订项目计划；

——组织标准制定工作组，调查研究、编制工作方案；

——提出标准草案征求意见稿；

——征求意见，提出标准草案送审稿；

——对送审稿进行审查，提出标准草案报批稿；

——主管部门审批、发布；

——正式出版发布。

国家标准 GB/T 16733—1997《国家标准制定程序的阶段划分及代码》明确了我国标准制定程序的阶段划分。该标准是以世界贸易组织（WTO）关于标准制定阶段划分的标准为基础，参考国际标准组织（ISO）和国际电工委员会（IEC）的《ISO/IEC 导则第 1 部分：技术工作程序》提出的。具体程序包括九个阶段：

（1）预阶段。

（2）立项阶段。

（3）起草阶段。

（4）征求意见阶段。

（5）审查阶段。

（6）批准阶段。

（7）出版阶段。

（8）复审阶段。

（9）废止阶段。

标准怎么读

标准是一种规范性文件。标准由一些条款组成，标准中的条款也是有层次的，不同的条款在实施中有不同的执行力度。所以要解读标准，实际上是“标准中的条款应该怎么解读”的问题。

——有的标准条款规定的内容，即一定要做到不能打折扣，或者一定要满足丝毫不许有差异；

——有的标准条款建议的内容，即最好做到或者最好满足；

——有的标准条款陈述的内容，即解释的内容、说明的内容。

这三个层次是根据标准中的条款所具有的共同使用和重复使用的程度来区分的。它们分别构成了标准中的要求型条款、推荐型条款和陈述型条款。

标准化活动是一项制定条款的活动，围绕一个标准化主题可能制定出一些条款，每个主题的相关条款就构成了标准的主体，也就是标准的实质内容。

标准中除了主体以外，还有附加要素。标准中的附加要素是对标准的实质内容所做的说明性、解释性和提示性的表述，但是它不得改变标准的实质内容。

标准中的附加要素分为两类。其一，通过“注”、“示例”和“资料性附录”等形式，表示有助于标准的理解和使用的附加要素；其二，通过“脚注”的形式，表示提示性的附加要素。

在解读标准时，要分清楚是主体还是附加要素；在主体中要区分是要求型条款、推荐型条款还是陈述型条款；在附加要素中要区分是有助于标准的理解和使用的附加要素，还是提示性的附加要素。

标准的内容表述有它自己固有的规则。目前我国的标准，无论国家标准、行业标准或其他标准，它们的规则基本上是相似的。

法规与标准的主要区别

法规与标准的主要区别在于：法规是由国家立法机构发布的规范性文件，标准是由公认机构发布的规范性文件。法规在其辖区内具有强制性，所涉及的人员有义务执行法规的要求；而标准的发布机构没有立法权，所以标准只能是自愿性的，供有关人员自愿采用。法规与标准又是有联系的。标准涉及的是技术问题，为了保护人类健康、安全等目的，法规中也常常涉及技术问题，通常这类法规叫技术法规。技术法规常常引用标准。

标准（standard）：通过标准化活动，按照规定的程序经协商一致制定，为各种活动或其结果提供规则、指南或特性，供共同使用和重复使用的文件。

注 1：标准宜以科学、技术和经验的综合成果为基础。

注 2：规定的程序指制定标准的机构颁布的标准制定程序。

注 3：诸如国际标准、区域标准、国家标准等，由于它们可以公开获得以及必要时通过修正或修订保持与最新技术水平同步，因此它们被视为构成了公认的技术规则。其他层次上通过的标准，诸如专业协（学）会标准、企业标准等，在地域上可影响几个国家。

[GB/T 20000.1—2014，定义 5.3]

法规（regulation）：由权力机关通过的有约束力的法律性文件。

[GB/T 20000.1—2014，定义 5.7]

技术法规（technical regulation）：规定技术要求的法规，它或者直接规定技术要求，或者通过引用标准、规范或规程提供技术要求，或者将标准、规范或规程的内容纳入法规中。

注：技术法规可附带技术指导，列出为了遵守法规要求可采取的某种途径，即视同符合条款。

[GB/T 20000.1—2014，定义 5.7.1]

图表在标准中的作用

标准化是一项制定条款的活动。活动的实质是把人们头脑中的概念记录下来，记录下来的内容就是条款。通常情况下，条款采用文字来记录，用文字记录的条款就是条文。

有时概念要描述的是一个立体形状比较烦琐的物体，如果用文字来记录，不但文字用量比较大，而且阅读理解也比较费劲，空间图形难以建立。不如绘制成图样直观又便于理解。因此，图样实际上是条款的另一种表示形式。

有时概念要描述的是许多反复循环的内容，每一个来回变动几个数字。如果用文字来记录，结果是文字多、数字少，数字查找起来比较难。不如制成表格，把文字过滤掉，把数字排出来，看起来既清楚又好比较。因此，表格实际上是条款的又一种表示形式。

因此，图、表在标准中的作用与文字的作用是一样的。

由于文字在标准中除了可以表示条款外，文字还可以用来表示附加要素。既然图表与文字在标准中的作用是一样的，那么，图、表除了在标准中可以表示条款外，也可以用来表示附加要素。但是，条款与附加要素在标准中的地位是不同的，因此，图、表在标准中的地位就不能一概而论，要仔细区分图、表在表中充当的角色。

标准版本有效性中几个概念的关系

标准版本有效性有以下几个概念：有效、作废、代替、废止。

一、基本概念

作废：是指该标准不适用了，被重新制、修订的标准代替了。

废止：是指该标准不适用了，并且没有再重新制、修订的必要。

作废包含废止。

有四类标准属于作废标准：

1. 已被新标准所代替的旧标准；
2. 审批单位已宣布废止的标准；
3. 行业标准在相应的国家标准实施后，自行废止的；地方标准在相应的国家标准或行业标准实施后，自行废止的；
4. 企业标准复审期一般不超过三年，到期不进行复审的。

二、相互关系

在长期的工作中，存在一个很普遍的问题：很多人在使用标准时，混淆了标准继续有效与作废、代替与废止的关系，认为标准一旦更新，以前的标准就不可再使用了。这是一个概念性的错误。以下通过标准代替与废止的产生原因谈一下它们相互之间的关系。

GB/T 20000.1—2014《标准化工作指南 第1部分：标准化和相关活动的通用术语》对复审进行了定义：

复审（review）：决定规范性文件是否应予确认、更改或废止的审查活动。

[GB/T 20000.1—2014，定义 11.7]

《中华人民共和国标准化法条文解释》第二章第十三条中给出了更明确的条款："标准实施后，制定标准的部门应当根据科学技术的发展和经济建设的需要适时进行复审，以确认现行标准继续有效或者予以修订、废止”。由此可见，标准的继续有效、代替与废止产生于标准的复审活动。

标准的复审主要包含哪些内容？

《关于国家标准复审管理的实施意见》的第二条“复审确认”里给出了具体的解释。

1. 是否符合国家现行的法律法规；

2. 市场和企业是否需要，符合国家产业发展政策，对提高经济效益和社会效益有推动作用；

3. 是否符合国家大政方针、政策措施，对规范市场秩序有推动作用；

4. 是否符合国家采用国际标准或国外先进标准的政策；

5. 是否同其他国家标准有矛盾；

6. 国家标准的内容和技术指标是否反映当前的技术水平和消费水平的要求；

7. 是否符合国家标准委提出的其他要求。

由此可见，正是以上 7 项内容，决定了标准的继续有效、代替或者废止。

经复审，国家标准内容能适应当前经济建设和科学技术发展需要，与现行法律法规无抵触的，应确认继续有效；国家标准修订后才能适应经济建设和科学技术发展需要，或局部明显与现行法律、法规和相关国家标准不一致的，应作为修订项目列入国家标准制修订计划，按照国家标准的修订程序进行修订；国家标准的内容不适应当前经济建设和科学技术发展的需要，应予以废止。

清楚了标准有效、代替与废止的产生，理解有效与作废、代替与废止的关系就变得简单了。

有效与作废是一对对立关系，经过复审，标准只存在“继续有效”或者“作废”两种结果，而作废又导致“修订”与“废止”两种结果。那么，在实际操作中，应该如何判断和选择呢？

对于确认标准版本有效性，提出以下两点建议：

第一，要明确有四类标准属于作废标准：

1. 已被新标准所代替的旧标准；

a）强制性的标准一定要用最新的，旧的自动废止。

b）推荐性的标准如果在前言部分没有明确提出废止，只是代替，则新、旧并存，选择适合自己的用。只有前言中写明“本标准代替并废除……版本”，则旧版本的就不能用了。

2. 审批单位已宣布废止的标准；

3. 行业标准在相应的国家标准实施后，自行废止的；地方标准在相应的国家标准或行业标准实施后，自行废止的；

4. 企业标准复审期一般不超过三年，到期不进行复审的。

第二，若在推荐性标准中，出现“自本标准发布之日起，代替……”字样，是指在满足“适用性”的情况下，旧版本可以继续使用。这种情况下，在前言结尾部分出现的“本部分所代替标准的历次版本发布情况”中所包含的标准都是可以参考的。在这里，“适用性”这个词非常关键。

GB/T 20000.1—2014《标准化工作指南 第1部分：标准化和相关活动的通用术语》对适用性进行了定义：

适用性（fitness for purpose）：产品、过程或服务在具体条件下适合规定用途的能力。

[GB/T 20000.1—2014，定义4.1]

这个定义有些难以理解，举一个例子，就可以简单地说明“适用性”的意义：

A企业生产的B产品，产品标准为Q/××× ××2005，这个版本的标准被Q/××× ××2008代替，C企业选用参考2005年版本生产的B产品作为其原材料（因为参考2008版本生产的B产品在某指标上不符合C企业的要求），那么虽然2008版本的标准已经代替了2005版本，但2005版的标准仍可作为产品的参考标准。

所以，选用标准时，一定要查看标准的前言。标准的代替、部分代替、废止、强制性条款等许多信息，均在前言中体现。标准使用者应根据产品的具体情况和使用产品的具体条件选择标准。

需要特别注意的是：在推荐性标准中出现“自本标准发布之日起，代替并废止……”字样，则旧版本不可再用；强制性新标准一旦发布，旧标准不可再用。

至此，标准中有效与作废、代替与废止的关系就比较清晰了。

编写标准的规则

标准化对象确立后，下一步工作就是编制标准。编写标准的方法主要有两种，即自主研制标准和采用国际标准。下面主要针对自主研制标准进行说明。

自主研制标准主要遵循以下步骤：

一、明确标准化对象

（一）标准化对象的定义

标准化对象（subject of standardization）：需要标准化的主题。

注1：本部分使用的“产品、过程或服务”这一表述，旨在从广义上囊括标准化对象，宜等同地理解为包括诸如材料、元件、设备、系统、接口、协议、程序、功能、方法或活动。

注2：标准化可以限定在任何对象的特定方面，例如，可对鞋子的尺码和耐用性分别标准化。

[GB/T 20000.1—2014，定义3.2]

从定义可以看出，“需要”是标准化对象定义中的核心。

（二）确定标准化对象需要考虑的内容

1. 分析需求

——标准化项目的目的与用途，是否能够：促进贸易、保护消费者权益、保证接口互换性兼容性或相互配合、改善安全和健康、保护环境等。

——实施标准的结果，是促进还是限制竞争或新技术的发展、是增加还是减少使用者的选择性、是有益于贸易和涉及的其他方面还是相反等。

——制定标准的适时性，是否是制定标准的恰当时间、是否已充分估计了相应技术的预期发展等。

2. 考察是否具备标准的特点

标准需要具备“共同使用”和“重复使用”两个特点，所以在确定标准化对象时应考虑是否同时具备了这两个特点。只具备“共同使用”但不具备“重复使用”的文件，不适宜作为标准发布。

3. 了解本领域的技术发展状况

随时掌握本领域及相关领域的技术发展动向，尤其是新技术、新工艺、新发明等，为确定标准化对象做好充分的技术储备。

4. 考虑与有关文件的协调

确定标准化对象，制定标准要考虑到现行有关标准、法规或其他文件的关系，并评估它们涉及的特性和水平，判断是否需要在技术上进行协调。如现有标准能够满足需要就不必要开展新的标准制定项目，如果只需要在现有标准的基础上进行修改，就只开展标准修订工作即可，不必要制定新的标准。

二、确定标准的规范性技术要素

在明确了标准化对象后，需要进一步讨论并确定制定标准的目的。根据标准所规范的标准化对象、标准所针对的使用对象，以及制定标准的目的，确定所要制定的标准的类型是属于规范、规程还是指南。标准的类型不同，其技术内容会不同，标准中使用的条款类型以及标准章条的设置也会不同。在此基础上，标准中最核心的规范性技术要素也会随之确定。

三、编写标准

标准的规范性要素确定后，就可以具体编写标准了。首先从标准的核心内容——规范性技术要素开始编写。在此过程中，根据需要准备设置附录（规范性附录或资料性附录），进行附录的编写。

上述内容编写完成后，就可以编写标准的规范性一般要素。如：规范性技术要素中规范性引用了其他文件，这就需要编写“规范性引用文件”一章，将标准中规范性引用的文件以清单形式列出。再如：将规范性技术要素的标题集中在一起，就可以归纳出标准的第 1 章“范围”的主要内容。

规范性要素编写完后，还需要编写资料性要素。根据需要编写引言，然后编写必备要素前言。如果有需要，进一步编写参考资料、索引和目次。最后，编写必备要素封面。

四、编写标准基本规则

编写标准要遵循下列基本原则。

（一）目标及要求

1. 内容完整

首先，按照需要，即需要什么，规定什么；需要多少，规定多少。但不是越多越好，不需要的内容加以规定，是错误的。

其次，内容完整指在“范围”一章所规定的界限内，内容按需要力求完整。标准的范围一章划清了标准所适用的界限，在这个界限内，应将所需要的内容在一项标准中规定完整。不能只规定一部分，而另一部需要的内容没有，或规定在其他标准中。

2. 表述清楚和准确

标准的条文用词应准确，条理应清楚，逻辑应严谨。清楚是指标准文本表述要有很强的逻辑性，用词不能模棱两可，以防止从不同的角度对标准内容产生不同的理解。作为一项标准，其中的任何要求都要十分明确。

3. 充分考虑最新技术水平

制定标准时，所规定的各项内容都应充分考虑技术发展的最新水平。充分考虑，并不代表要求各项指标或要求都是最新的、最高的。

4. 为未来技术发展提供框架

编写标准，不但要充分考虑目前的“最新技术水平”，还要为未来的技术发展提供框架和发展余地。原因如下：即使标准的规定内容是考虑最新技术水平后的结果，但是有可能经过相对较短的时间，某些技术就有可能落后。这样的话，如果要符合标准，就得搁置新技术，采用落后技术，如果发生这种现象，事实上就是标准中的规定阻碍了技术的发展。

5. 能被未参加标准编制的专业人员所理解

标准中的条款是给有关专业人员使用的，标准中的内容要使相关的专业人员能够理解。再者，要使未参加编制的专业人员能够理解。这就要求在满足对标准技术内容的完整和准确表达的前提下，标准的语言和表达形式要尽可能简单、明了、易懂，注意避免口语化的措辞，避免误解和歧义。

（二）统一性

统一性是标准编写的最基本要求，强调的是内部的统一。“内部”有三个方面的含义：一是一项单独出版的标准或部分的内部；二是一项分成多个部分的标准的内部；三是一系列相关标准构成的标准体系的内部。但无论是哪个层次，统一的内容包括三个方面：标准的结构、文本和术语，

“结构、文本和术语”的统一，将避免由于同样内容的不同表述而使标准使用者产生疑惑。

1. 结构的统一

标准的结构指标准中的章、条、段、表、图和附录的排列顺序。在起草分成多个部分的标准中的各个部分或系列标准中的各项标准时，应做到：

（1）各个标准或部分之间的结构尽可能相同。

（2）各个标准或部分中相同或相似内容的章、条编号尽可能相同。

2. 文本的统一

在每个部分、每个标准或系列标准中，类似的条款应用类似的措辞表达；相同的条款由相同的措辞表达。

3. 术语的统一

每个部分、每项标准或系列标准中，对于同一个概念应使用同一个术语。对于已定义的概念避免使用同义词。每个选用的术语尽可能只有唯一的含义。

（三）协调性

统一性强调一项标准中部分的内容或一系列标准的内部，协调性是针对标准之间的，目的是为了达到所有标准的整体协调，即标准系统的整体协调。标准是成体系的技术文件，各有关标准之间存在广泛的内在联系，标准之间互相协调、相辅相成，才能充分发挥标准系统的作用。

标准的协调性包括以下三个层面：

1. 普遍协调

普遍协调是任何标准都需要进行的协调，即每项标准都应遵循现有基础通用标准的有关条款，尤其涉及有关内容时，需要与现行的相关标准相协调：标准化原理与方法；标准化术语；术语的原则和方法；量、单位及其符号；符号、代号和缩略语；参考文献的标引；技术制图和简图；技术文件编制；图形符号。

2. 特殊协调

特殊协调是针对特定领域的标准需要进行的协调。在某些技术领域，标准的编写应遵守涉及以下内容的现行标准的有关条款：极限、配合和表面特征；尺寸公差和测量的不确定度；优先数；统计方法；环境条件和有关试验；安全；电磁兼容；符合性和质量。

3. 本领域协调

制定标准，除了要与上述基础标准协调外，还要与同一领域的标准进行协调，注意采用已发布的标准中作出的规定。

（四）适用性

适用性指所制定的标准便于使用的特性。一是指标准中的内容便于直接使用，二是指标准中的内容易于被其他标准或文件引用。标准要最终使用才能发挥价值。因此，标准中每个条款都应是可操作的、易实施的，还要考虑到易于被其他标准、法律、法规或规章等引用。

（五）一致性

一致性指编写的标准应以对应的国际文件（如果有的话）为基础并尽可能与国际文件保持一致。编写标准时，如有对应的国际文件，首先应考虑以这些国际文件为基础制定我国标准。如果所依据的国际文件为 ISO 或 IEC 标准，则应确定与相应国际文件的一致性程度，即等同、修改或非等效。

（六）规范性

规范性指编写标准时要遵守与标准制定有关的基础标准以及法律、法规。

规范性要素“标准名称”的编写

标准名称是标准的主题最集中、最简明的概括，直接表述了标准化对象，反映了标准的范围。

标准名称是标准的规范性一般要素，同时也是必备要素。任何标准都必须有名称，在范围之前以及标准的封面中标示。在编写标准之前，针对所需要标准化对象应先草拟一个标准名称，在标准编写过程中标准名还可能进一步调整。

一、编写要求

标准名称是否准确，直接关系到标准的使用。要做到以下几点：

1. 准确，标准名称能确切概括标准的主题，与其他标准的主题易区分。

2. 简洁，在满足准确的前提下，标准名称尽可能简练，不涉及不必要的细节。

3. 术语统一，标准名称中表达相同概念的术语应保持统一，建议从有关术语标准中选择确切表达有关技术特征的规范性术语，不随便选用词语或随意自撰。

二、标准名称的构成和形式

1. 标准名称的构成

标准名称可分为几个要素：引导要素、主体要素和补充要素。按照一般到特殊排列：引导要素 + 主体要素 + 补充要素。

引导要素表示标准所属的领域，是可选要素，根据具体情况决定标准名称中是否含有引导要素。

主体要素表示在上述领域内所要论述的主要对象，是必要要素，即标准名称中一定要有主体要素。

补充要素表示上述主要对象的特定方面，或给出区分标准（或部分）

与其他标准（或其他部分）的区别。对于单独的标准，补充要素是可选要素，对于分成部分出版的标准的各部分，补充要素是必备要素。

2. 标准名称可能具有的形式

由于标准名称的三要素只有主体要素是必备要素，其他两个都是可选要素，因此，标准名称可能具有以下多种形式：

一段式：只有主体要素

二段式：引导要素 + 主体要素；

主体要素 + 补充要素

三段式：引导要素 + 主体要素 + 补充要素

三、标准名称中各要素的选择

1. 如果标准名称中没有引导要素，主体要素表示的对象不明确时，则应有引导要素。如果标准名称的主体要素（或主体要素 + 补充要素）能够确切概括标准所要论述的对象时，则应省略引导要素。

2. 如果标准所规定的内容仅涉及了主体要素所表示的标准化对象的一两个方面，则需要用补充要素来进一步指出标准所具体涉及的哪一两个方面。如果标准所规定的内容涉及了主体要素所表示的标准化对象的几个（不是一两个，但不是全部）方面，则需要用补充要素描述这些方面，但不必一一列举，而用“规范”或“技术条件”等一般性术语表达。如果标准所规定的内容涉及主体要素所表示的标准化对象的所有基本方面，而且是有关该标准化对象的唯一标准（而且今后计划继续保持唯一标准这种状态），则应省略补充要素。

四、部分的标准名称中要素的选择

当标准分成几个部分时，各个部分的名称应满足以下几个条件：

1. 名称中应有补充要素，此时的名称必须采用分段式，可以是“主体要素 + 补充要素”两段式，也可以是“引导要素 + 主体要素 + 补充要素”三段式。

2. 在补充要素之前需要加上“第 × 部分”。这里的“ × ”是阿拉伯数字，并且要和部分的编号保持一致。

3. 每个部分的主体要素应保持一致，如果名称中有引导要素，则引导要素也应相同。

五、起草标准名称需要注意的事项

1. 准确反映标准的范围

有两层含义：一是避免限制标准的范围；二是避免扩大标准的范围。

2. 无须描述文件的类型

标准名称无须描述文件的类型，即不应使用“……标准”“……国家标准”或“……标准化指导性技术文件”等表述形式。可根据情况使用“规范”“规程”“规则”“规定”等表述形式。

3. 协调各要素的内容

标准名称的各要素用语在概念上不应重复，而且各要素的位置有先后顺序，不应错位。

标准中的“条款”

标准的要素是由条款构成的，条款是规范性文件内容的表述方式，一般采用要求、推荐或陈述等表述方式。

一、条款的类型

标准中的条款分为以下三种类型：

陈述：表达信息的条款。

推荐：表达建议或指导的条款。

要求：表达需要满足准则的条款。

此三种不同类型的条款是通过使用不同的汉语句式或助动词来表达的。在使用标准时，可以通过不同的汉语句式或助动词区分出标准中的条款是哪种类型的条款。

（一）陈述型条款的表述

陈述型条款可以通过汉语的陈述句或利用助动词来表述。

1. 利用一般陈述句提供信息。

2. 利用助动词“可”或“不必”，表示在标准的界限内允许的行为或行动步骤。

3. 利用助动词“能”或“不能”，表示由材料的、生理的或某种原因导致的能力。

4. 利用助动词“可能”或“不可能”，表示由材料的、生理的或某种原因导致的可能性。

（二）推荐型条款的表述

推荐型条款利用助动词“宜”或“不宜”表述，通常表示：在几种可能性中推荐特别适合的一种，不提及也不排除其他可能性；某个行动步骤是首选的但未必是所要求的；不赞成但也不禁止某种可能性或行动步骤（使用否定形式）。

（三）要求型条款的表述

要求型条款可以通过汉语的祈使句或利用助动词来表述。

1. 利用祈使句直接表示指示。

2. 利用助动词“应”或“不应”，表示声明符合标准需要满足的要求。

二、条款表述所用的助动词

标准中表达不同的规范性内容时，通常应使用相关的助动词，例如“应”“不应”“宜”“不宜”“可”“不必”“能”“不能”“可能”“不可能”等。只有在特殊情况下，才可能使用助动词的等效表述形式。

以下条款给出了表述不同类型的条款使用的助动词以及在特殊情况下使用的等效表述。

1. 应严格遵守要求的用词

表达要求型条款，声明符合标准需要满足要求的助动词。

要　　求

助动词	在特殊情况下使用的等效表述
应	应该 只准许
不应	不得不 准许
不使用“必须”作为“应”的替代词。（以避免将某标准的要求和外部的法定责任相混淆） 不使用“不可”代替“不应”表示禁止。 表示直接的指示时（例如涉及试验方法所采取的步骤），使用祈使句。例如：“开启记录仪。”	

表示直接的指示时（例如涉及试验方法所采取的步骤），使用祈使句。例如：“开启记录仪。”

2. 推荐使用要求的用词

表达推荐型条款，表示在几种可能性中被推荐特别适合的一种，不提及也不排除其他可能性，或表示某个行动步骤是首选的但也未必是所要求的，或（以否定形式）表示不赞成但也不禁止某种可能性或行动步骤。

推　荐

助动词	在特殊情况下使用的等效表述
宜	推荐建议
不宜	不推荐不建议

3. 允许使用要求的用词

表达陈述型条款，表示标准界限内所允许的行动步骤。

允　许

助动词	在特殊情况下使用的等效表述
可	可以 允许
不必	无须 不需要
在这种情况下，不使用“可能”或“不可能”。 在这种情况下，不使用“能”代替“可”。 注：“可”是标准所表达的许可，而“能”指主、客观原因导致的能力，“可能”则指主、客观原因导致的可能性。	

4. 可能和能够使用要求的用词

表达陈述型条款，陈述由材料的、生理的或某种原因导致的能力或可能性。

能力和可能性

助动词	在特殊情况下使用的等效表述用词
能	能够
不能	不能够
可能	有可能
不可能	没有可能
注：“能”指主、客观原因导致的能力，“可能”则指主、客观原因导致的可能性。	

三、条款内容的表述形式

标准中的要素是由各种条款构成的，在表述条款的内容时，根据不同的情况可采取不同的形式。

（一）条文

条文是标准条款的文字表述形式，是表述条款内容时最常使用的形式。标准中的文字应使用规范汉字，凡是有规范简化汉字的，不得使用繁体字。标准条文中使用的标点符号，应符合 GB/T 15834《标点符号用法》的规定。

（二）注和脚注

注和脚注是条款的辅助表述形式，通过解释性或说明性文字，对条款的理解和使用提供帮助。注和脚注通常使用文字形式表述，条文中的注和脚注的内容是资料性的。

（三）示例

示例是条款的另一种辅助表述形式，通过具体例子，帮助文件使用者掌握条文的内容。多数情况下示例用文字形式表述，但给出图、表的示例也有。示例的内容是资料性的。

（四）图

图是条款的一种特殊表述形式，是条款内容的一种“变形”。当用图表来表述所要表达的内容比文字表达更清晰易懂时，图这种特殊的表述形式成为了一个理想的选择。在对事物进行空间描述时，使用图可以收到事半功倍的效果。

（五）表

表也是条款的一种特殊表述形式，也是条款内容的一种“变形”。当用表来表述所要表达的内容比文字表达更简洁明了时，表这种特殊的表述方式也是一个理想的选择。在需要对大量数据或事件进行对比、对照时，表的优势显而易见。

标准中的“部分”

根据所要规范的标准化对象的内容，可以将标准作为一个整体单独出版，也可以将标准化对象的不同方面分别制成一项标准的不同部分，每个部分单独出版。划分出的部分，就构成了标准的一个层次。

一、部分的概念

部分是一项标准被分别起草、批准发布的系列文件之一。一项标准的不同部分具有同一个标准顺序号，它们共同构成了一项标准。部分不是独立的标准，也不是系列标准中的标准，是一项标准的内部结构，是标准内的组成部分，是标准的一个层次。系列标准是指标准顺序号不同族的标准，这标准是相互关联的。

二、部分的划分原则

（一）根据标准的具体情况

一项标准分成若干个单独的部分时通常有其特殊需要和情况，针对下述情况可考虑将标准划分为部分：标准篇幅过长；后续的内容相互关联；标准的某些内容可能被法规引用；标准的某些内容拟用于认证。

（二）依照使用方的要求

当标准化对象的不同方面可能分别引起不同相关方（如：生产者、认证机构、立法机关等）的关注时，应清楚区分这些不同方面，最好将它们编制成一项标准的若干个单独的部分。这些不同方面可能有：健康和安全要求；性能要求；维修和服务要求；安装规则；质量评定。

（三）按照使用的方式

按照不同的使用方式，可对一个标准化对象进行不同的划分，由此可形成不同的系列部分。一般使用两种方式，这两种方式划分的结果不同，区别主要在于划分出的各部分是否单独使用。

1. 按照标准化对象的特定方面划分部分。将标准化对象分为若干个特定方面，针对这些方面分别制定成一项标准的几个部分。每个部分涉及标准化对象的一个特定方面，并且能够单独使用。

2. 按照标准化对象的通用和特殊两个方面划分部分。将标准化对象分为通用和特殊两个方面，并且将通用方面作为标准的第 1 部分，将特殊方面作为标准的其他部分。由于特殊方面或能修改或补充通用方面，因此在这类标准中，综合了通用方面和特殊方面的内容才能表达全面的要求，所以各个部分不能单独使用。

三、部分的编号

部分的编号应位于标准顺序列号之后，使用阿拉伯数字从 1 开始编号。部分的编号与标准顺序号之间用下脚点相隔。部分不再分成部分。

四、部分的名称

一项标准如果分多个部分发布，则单独发布的各个部分的名称上应具有“部分”的特点。

（一）部分的名称只能使用分段式

部分的名称只能使用分段式，至少要由主体要素和补充要素两段组成。

（二）引导要素和主体要素须相同

同一标准中各个部分名称的引导要素（如果有）和主体要素应是相同的，用相同的引导要素和主体要素表明虽然各个部分是单独出版的，但是属于同一个标准化对象，也就是说这些部分属于同一项标准。

（三）补充要素应不同

各个部分的名称中的补充要素应不同。由于补充要素表明的是标准化对象的特殊方面，所以在具备相同的引导要素和主体要素的部分名称中，补充要素代表的是同一项标准的特定部分，不同的补充要素用来区分同一项标准中的各个部分。

（四）包含“第 × 部分”

在每个部分的名称中，补充要素均应标明“第 × 部分”，其中 × 为与部分编号完全相同的阿拉伯数字，这使得该名称作为部分的名称的特点更加明显。

五、部分的前言

标准分为若干个单独部分时，每个部分的前言应与单独出版的前言有所区别，每个部分的前言一开始就明确说明标准的结构，这是其他不分为部分的标准中所不具备的内容。即在标准的第1部分的前言的开始就应有标准的预计结构的说明，并且在标准的每一部分的前言，应列出所有已经发布或计划发布的其他部分的名称。

规范性要素“要求”的编写

在标准中，“要求”属于可选要素，在众多规范性技术要素中使用频率最高。“要求”这一要素中表述的内容和形式是不固定的。根据编写标准的目的，内容可以表达“结果”（是什么），也可以表达“过程”（怎么做），形式可能是条文、图或表。

一、“要求”中的要求型条款

“要求”目前看到有两种定义：

一是“表达需要满足准则的条款”。引自［GB/T 20000.1—2014，定义 9.5］。

二是“表达如果声明符合标准需要满足的准则，并且不准许存在偏差的条款”。引自［GB/T 1.1—2009，定义 3.8.1］。

出现这两种定义，原因可能是标准版本的新旧。但无论从哪条定义，都可以看出，要求型条款是需要“满足”的准则，这里只强调了“满足”，而没有提及“证实”，“证实”是与合格评定程序有关的。

在规范性技术要素“要求”中提出的要求是由要求型条款构成的，这里的要求型条款不但需要满足，而且需要证实，而且应该能够做到。

二、与“要求”有关的原则

（一）性能原则

性能原则是指“如果可能，要求应由性能特性来表示，而不用设计和描述特性来表示”。这一原则是国际上通用的原则，是标准和技术法规都适用的原则。性能原则的实质是结果（是什么）与过程（怎么做）谁优先的问题。性能原则是提倡“性能”优先。例如，有关地名标志的性能要求应该规定其安全要求、耐盐雾腐蚀性能、耐热性能、初始亮度、电气安全性能等特性，而不是具体规定其采用什么反光膜、什么制作技术或具体怎么做。

相对“结果”来说，加工“过程”的途径是多样的，不同企业的设备、技术或专长等都不会相同。由于不同的企业可以通过各自的途径提供相同的“结果”，因此，性能原则可以充分发挥各生产企业的优势和创造力，促进技术创新和进步。

同样，服务标准中也有技术要素“要求”。性能原则同样适用于服务标准的要求。无论是产品标准，还是服务标准，要求型条款中规定要求时，最好规定“结果”，尽量不要规定“过程”。即清楚规定标准需要什么结果，而不是说明应该怎样去做的过程。

但是，性能原则是一个优先原则。这个原则有一个前提，“只要可能”就是前提，能够证实，就是“可能”与否的前提之一。因此，凡是能够遵守“可证实性原则”，就应该选择使用性能特性表达要求。只有在无法满足“可证实性原则”时，才可能考虑使用性能特性之外的其他方法做出规定。

（二）可证实原则

“可证实原则”就是解决哪些内容可以标准化的问题。不论标准化的目的如何，标准中应只列入那些能被证实的要求。这就是可证实性原则，也就是说，标准中规定的要求应该能够检验、证实。

虽然任何产品或服务都有许多特性，但不是所有的特性都要作为要求写入标准，也不是所有的特性都能作为要求写入标准。在标准的“要求”中，需要考虑下列情况：

1. 不应列入没有证实方法的要求

无论要求所涉及的特性多么重要，只要没有证实方法就不应列入标准。

2. 不必列入无须证实的要求

多数不需要证实的要求是相对于曾经需要证实的要求，或同类产品需要证实的要求而言的。如由于产品的材料改变，原来需要证实的要求可能不再需要证实了。

3. 不宜列入不能在较短时间内证实的要求

如果一项要求无法在较短时间内得到证实，那么这样的要求不宜被列入标准。

4. 不应列入不能量化的要求

凡是不能量化的要求，不应列入标准的要素“要求”中。

三、“要求”表述的内容和形式

（一）“要求”的内容

根据性能特性优先的原则，“要求”标题下的内容以“结果”居多，特别是产品标准。然而性能原则以“只要有可能”作为前提。当没有可能时，“要求”一章中的内容也会出现对“过程”的要求。在服务标准中规定“过程”的可能性会多一些。

（二）“要求”的形式

“要求”通常由若干需要证实的要求型条款组成，这些条款集中在一章中就构成了要素“要求”。要求型条款由祈使句或包含助动词“应”“不应”及其等效表述形式的词句构成。

1. 表达“结果”的要求型条款

无论是产品标准还是服务标准，表达“结果”的要求型条款都是需要证实的，所提出的要求都需要符合可证实性原则。

在产品标准中的“要求”，表达“结果”的要求型条款通常包含四个要素：特性、证实方法、助动词“应”和特性的量值。要求型条款的典型句式为：“特性”按“证实方法”测定“应”符合“特性的量值”的规定。通常使用肯定句。

2. 表达“过程”的要求型条款

由于“性能原则”的约束，在产品标准的要素“要求”中规定“过程”的相对较少，而在服务标准的要素“要求”中规定“过程”的要求相对多一些。无论是产品标准还是服务标准，对于过程的要求，大部分是针对人的行动（做或没做）或行为（做得好不好）提出要求。

在“要求”中，表达“过程”的要求型条款通常只包含“谁”、助动词“应”和“怎么做”。

3. “要求”与证实方法一致

在“要求”的条款中，要求的表述方式应与证实方法保持一致，凡是能用“结果”来证实的要求，就不应用“过程”来表示。

4. 特性的量值

在表达“结果”的要求型条款的四个元素中，“特性的量值”是用物理量的数值和物理量的单位之乘积表示。选择特性的量值主要是选择物理量的数值和单位。极限值和可选值是常用的数值表示方法。

（1）极限值

根据特性的用途，有些特性需要规定极限值，如最大值和（或）最小值。通常每个特性只规定一个极限值。

当特性对应的类型或等级多于一个时，则需要根据不同的类型或等级规定不同的极限值，但是每个极限值应与相应的类型或等级一一对应。

（2）可选值

根据特性的用途，特别是为了品种控制的接口的需要，特性需要的数值可以从多个数值或多个数系中选择。适合时，数值或数系应按照 GB/T 321—2005《优先数和优先数系》给出的优先数系，或者按照模数制或其他决定性因素进行选择。

地名标准名录（部分）

本名录只汇总了目前地名领域已经发布实施的国家标准和行业标准。名录如下：

标准号	名称
GB 17733 - 2008	地名　标志
GB/T 18521 - 2001	地名分类与类别代码编制规则
GB/T 17693.1 - 2008	外语地名汉字译写导则 英语
GB/T 17693.2 - 1999	外语地名汉字译写导则 法语
GB/T 17693.3 - 2009	外语地名汉字译写导则 德语
GB/T 17693.4 - 2009	外语地名汉字译写导则 俄语
GB/T 17693.5 - 2009	外语地名汉字译写导则 西班牙语
GB/T 17693.6 - 2008	外语地名汉字译写导则 阿拉伯语
GB/T 17693.7 - 2003	外语地名汉字译写导则 葡萄牙语
GB/T 17693.8 - 2008	外语地名汉字译写导则 蒙古语
GB/T 23295.1 - 2009	地名信息服务 第1部分：通则
GB/T 28226 - 2011	地名信息交换格式
GB 29432 - 2012	海底地名命名
GB/T 29633.1 - 2013	南极地名 第1部分：通名
GB/T 29633.2 - 2013	南极地名 第2部分：分类与代码
MZ 016 - 2011	地名标志 陆地边境自然地理实体
MZ/T 033 - 2012	地名文化遗产鉴定
MZ/T 054 - 2014	地名标志设置规范 居民地和行政区域
MZ/T 055 - 2014	LED 街巷导向标志

编写标准常用文献目录

编写标准还可以参考以下相关标准及书籍。目录如下：

常用标准	
标准号	名称
GB/T 1.1－2009	标准化工作导则 第1部分：标准的结构和编写
GB/T 20000.1－2014	标准化工作指南 第1部分：标准化和相关活动的通用术语
GB/T 20000.2－2009	标准化工作指南 第2部分：采用国际标准
GB/T 20000.3－2014	标准化工作指南 第3部分：引用文件
GB/T 20000.4－2003	标准化工作指南 第4部分：标准中涉及安全的内容
GB/T 20000.6－2006	标准化工作指南 第6部分：标准化良好行为规范
GB/T 20000.7－2006	标准化工作指南 第7部分：管理体系标准的论证和制定
GB/T 20000.8－2014	标准化工作指南 第8部分：阶段代码系统的使用原则和指南
GB/T 20000.9－2014	标准化工作指南 第9部分：采用其他国际标准化文件
GB/T 20001.1－2001	标准编写规则 第1部分：术语
GB/T 20001.2－2001	标准编写规则 第2部分：符号
GB/T 20001.3－2001	标准编写规则 第3部分：信息分类编码
GB/T 20001.4－2001	标准编写规则 第4部分：化学分析方法
GB/T 12366－2009	综合标准化工作指南
GB 3100－1993	国际单位制及其应用
GB 3101－1993	有关量、单位和符号的一般原则
GB 3102（所有部分）	量和单位
GB/T 15834－2011	标点符号用法

续表

标准号	名称
GB/T 15835－2011	出版物上数字用法
GB/T 19000－2008	质量管理体系 基础和术语
GB/T 19001－2008	质量管理体系 要求
GB/T 15624－2011	服务标准化工作指南
常用文献	
标准的编写 白殿一等著 中国标准出版社	
标准化工作文件汇编 民政部人事司编	
谈标准编写 张利华编著 中国标准出版社	
地名标准编制概论 庞森权等著 中国社会出版社	

后　　记

在现代社会，特别是在社会事务法治化管理的进程中，标准化工作作为法治化的有力补充，其现实作用越来越凸显出来。同理，地名管理中的地名标准化工作亦成为不可或缺的内容。为此，民政部地名研究所乘势而上，组织编辑、编撰完成了《地名标准化工作实务手册》一书。非常感谢樊桂英老师在编撰过程中给予的指点和帮助。作为这本手册得以问世的参与者，我们不仅由衷地感到高兴，也为能够在地名标准化工作中奉献自己的绵薄之力而幸福。

当读者朋友手捧这本散发着墨香的《地名标准化工作实务手册》，就会惊喜地发现，它既是一本实用的工作性手册，还是一部新颖的指导性教材。

编　者

二〇一五年九月二十八日